技工院校公共基础课程教材

数字技术应用

基础模块（下册）

王伟　胡文心　主编

中国劳动社会保障出版社

图书在版编目（CIP）数据

数字技术应用：基础模块．下册 / 王伟，胡文心主编．-- 北京：中国劳动社会保障出版社，2024.
（技工院校公共基础课程教材）．-- ISBN 978-7-5167-6680-4

Ⅰ. TP3

中国国家版本馆 CIP 数据核字第 2024CH5527 号

中国劳动社会保障出版社出版发行

（北京市惠新东街 1 号　邮政编码：100029）

*

北京市艺辉印刷有限公司印刷装订　　新华书店经销

787 毫米 ×1092 毫米　16 开本　12.25 印张　221 千字

2024 年 12 月第 1 版　　2025 年 1 月第 2 次印刷

定价：27.00 元

营销中心电话：400-606-6496

出版社网址：https://www.class.com.cn

https://jg.class.com.cn

前　言

当今时代，数字技术作为世界科技革命和产业变革的先导力量，日益融入经济社会发展各领域全过程，深刻改变着生产方式、生活方式和社会治理方式。面对数字技术的迅猛发展趋势，提升个人数字素养与技能，已成为新时代每个人顺应时代变革、把握未来发展机遇的必然选择。

数字技术应用课程是技工院校各专业学生必修的公共基础课程，也是培养学生数字素养与技能的重要途径。该课程旨在让学生全面掌握数字技术的基本理论知识和操作技能，培养其数字素养，激发其创新思维，以更好地迎接未来工作与生活中数字化所带来的各种挑战。

数字技术应用课程教材体系由基础模块（上、下册）与拓展模块（生成式人工智能等分册）构成，并配有学生学习指导与练习用书。教材编写上，语言通俗易懂，融合大量贴近学生学习和生活的实践任务，力求让学生在理论学习与实践操作方面一体习得，真正实现学以致用，以提升将数字技术知识转化为解决实际问题的能力。

数字技术应用课程教材基础模块上、下两册共有 6 个单元，下面是每个单元的学习内容及建议学时。

学习内容		建议学时
上册	第一单元　探索数字世界——数字技术应用基础	12
	第二单元　文档创意与制作——图文编辑	16
	第三单元　编程的魅力——程序设计入门	8
下册	第四单元　数据处理与交流——数据分析技术	14
	第五单元　交互式媒体创作——数字媒体技术应用	16
	第六单元　走向智能社会——人工智能技术应用	6
合计		72

本册教材《数字技术应用　基础模块（下册）》由王伟、胡文心主编，王肃、郭煜、侯敏、杨云、张诗婷、李微参与编写。为方便教师教学，本套教材配套演示文稿、教学视频、教学素材、习题答案等辅教辅学资源，可登录技工教育网（https://jg.class.com.cn）下载使用。

为进一步完善教材编写，服务于全国技工院校公共基础课程教学，读者可将对本教材的意见和建议发送至邮箱：ggk@class.com.cn。

编者

2024 年 9 月

目 录

第四单元

数据处理与交流
——数据分析技术

在数字化时代，数据无处不在。人们的日常行为会产生各种各样的、大量的数据，各种信息系统和智能设备也无时无刻不在记录着数据。例如，智能手机会记录你今天走了多少步，在线购物系统会记录你的购买行为数据，汽车导航会记录你的行驶数据等。从浩瀚的数据海洋中筛选、提炼、解读数据，并发现数据蕴含的价值，是人们理解世界、预测未来、优化决策的关键，而数据处理与交流正是这一过程中的重要环节。

随着科技的飞速发展，数字化转型已经深入各行各业，无论是商业、教育、医疗，还是娱乐、交通、政府管理，都离不开数据的支撑。数据处理与分析能力已经成为现代公民必备的基本数字技能，更是数字时代个体竞争力的重要体现。掌握数据处理与分析技术，意味着我们能够更好地适应数字化时代的生活和工作，更好地理解和应对世界的快速变化。

在本单元中，我们将走进数据处理与交流的世界，学习数据采集、数据加工、数据分析的基本原理和方法，掌握利用数据处理软件对数据进行处理与分析的基本操作，感受数据的魅力，领略数据分析的力量。

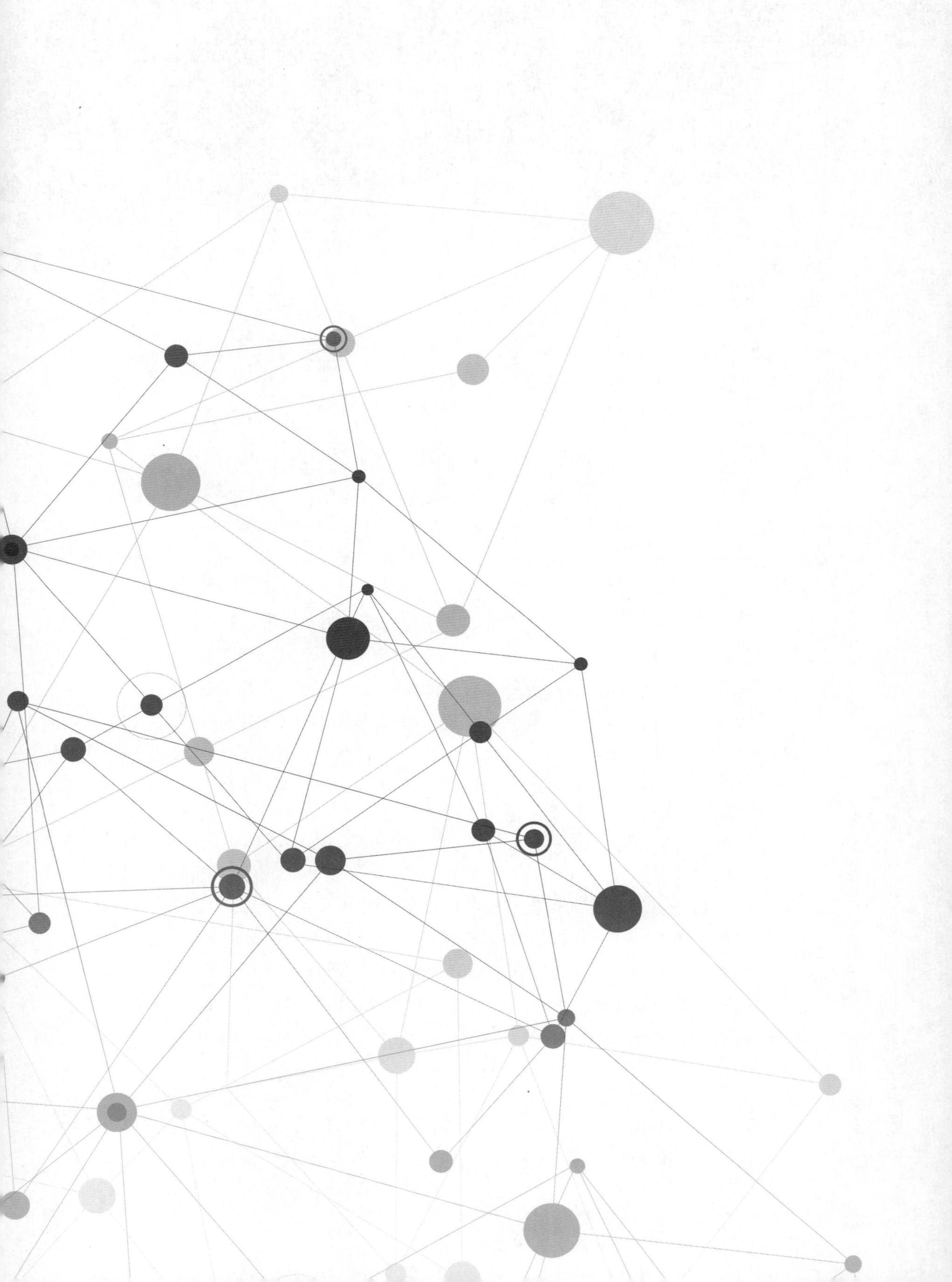

4.1 认识数据

从社交媒体上的文字、图片和视频，到购物平台上的交易记录和用户行为，数据以各种形式存在，并承载着丰富的信息。通过对数据的采集、处理和分析，人们可以理解其背后的意义和价值，为决策提供支持，推动社会进步。本节让我们从认识数据开始，逐步揭开数据的神秘面纱，发现其中蕴藏的无限价值。

学习目标

1. 了解数据的概念和类型，以及常用的数据采集方法。
2. 会使用搜索引擎采集数据，并能够识别数据的准确性。
3. 会利用网络问卷平台采集数据。
4. 了解常用数据处理软件的功能。
5. 会使用电子表格输入数据、导入外部数据。
6. 掌握在电子表格中进行数据类型转换及设置格式的方法。

任务1　采集数据

任务描述

近年来，新能源汽车作为一种绿色、低碳的出行方式，受到越来越多的关注，我国新能源汽车市场呈现爆发式增长态势，越来越多的人选择从事与新能源汽车行业相关的工作。

张昊是某技师学院汽车制造与装配专业的学生。他想要获取近几年来我国新能源汽车的销售数据，从而更深入地了解新能源汽车市场的发展动态和趋势。

张昊通过网络搜索，获得了如图 4-1-1 所示的新能源汽车销售数据。

时间,销售量（万辆）,同比增长
2017年,77.7,53.3%
2018年,125.6,61.74%
2019年,120.6,-4.0%
2020年,136.7,10.9%
2021年,352.1,160%
2022年,688.7,93.4%
2023年,949.5,37.9%

图 4-1-1　新能源汽车销售数据

知识储备

数据是一种新型资源，广泛应用于社会的方方面面。要想利用数据，必须先采集数据，然后对其进行存储和管理。数据通常存储在数据库和文件系统中，通过专门的数据处理软件进行处理和分析。

一、数据的概念

数据是客观事物的符号表示。数据的表现形式多种多样，包括数字、文字、声音、图形、图像、视频、动画等。例如，在购物网站上，用户的浏览历史、购买行为以及评价信息是数据；在社交媒体平台上，用户的发帖、点赞、评论和分享行为也是数据；在医疗领域，患者的病历记录、检查报告等同样属于数据。此外，交通系统中的车辆行驶记录、环境监测站采集的空气质量监测结果，以及智能家居设备记录的室内温度和使用情况等也都是数据。

二、常见的数据类型

在计算机中，定义了不同的数据类型。数据类型说明了数据的属性，它告诉我们应该如何使用这些数据。常见的数据类型包括数值型数据、文本型数据、日期和时间型数据以及逻辑型数据。

1. 数值型数据

数值型数据包括数字 0 ~ 9，正号、负号、小数点等符号，以及货币符号、百分号、乘幂符号、字母 E（科学记数法符号）等特殊字符。数值型数据的表现形式多样，可以是整数、小数、分数，也可以用百分数、货币、科学记数法等方式呈现，见表 4–1–1。

表 4–1–1　数值型数据示例

整数	小数	分数	百分数	货币	科学记数法
198	3.14	3/10	50%	¥230.98	2.1546724E+10
-6	-27.89	7/9	-50.09%	$80.00	2.1546724E-10

注：以上是 Excel 中数值型数据的表示方式。

2. 文本型数据

文本型数据包括各类字符，如汉字、英文字母、空格，以及各种符号等。需要注意的是，有一种特殊的数据，如学号、身份证号、手机号、银行卡号、邮政编码等，它们虽然由数字组成，但并不属于数值型数据，不能参与数学运算，而是一种编号，因此属于文本型数据。

3. 日期和时间型数据

日期和时间型数据用于表示日期和时间。日期通常用“/”或“-”分隔年、月、日，如 2024/02/16、2023-12-20。时间通常用“:”分隔时、分、秒，如 09:22:50。日期和时间之间通常用空格隔开，如 2024-01-20 10:05:20。

4. 逻辑型数据

逻辑型数据仅包含两个值：真和假。其中，真值可以表示为 TRUE、1 或任何其他非 0 值，而假值则可以表示为 FALSE 或 0。

三、数据采集方法

随着技术的发展，数据采集方法日益多样化，这使得数据的获取更加便捷和高效。不同的数据采集方法适用于不同的场景和需求。在进行数据采集时，必须综合考虑数据的质量、采集的成本、实施的可行性，以及法律和伦理道德等多种因素，以选择适当的数据采集方法。常用的数据采集方法包括人工采集、自动采集和网络爬虫等。

1. 人工采集

人工采集是指通过人工方式直接进行数据收集，适用于数据量相对较小且精度要求较高的场景，如问卷调查、访谈记录、实地考察、测量以及网络搜索等。其中，以问卷调查最为常用，它常被用于市场调研、社会调查、学术研究等领域，可以通过网络问卷平台进行操作，包括问卷的设计、发布和回收等环节。

2. 自动采集

自动采集是指利用自动化设备、工具或软件进行的数据采集，适用于需要大规模、高效率采集数据的场景，如采集交通监控数据、运动数据等。常见的自动采集设备包括传感器、摄像头、麦克风、智能穿戴设备等。

3. 网络爬虫

网络爬虫是一种自动化程序，能够在互联网上自动、快速地采集数据，适用于从网页中采集大量数据的场景，如采集社交媒体数据等。在使用网络爬虫时，需要遵守相关法律法规以及网站的数据使用规定，确保采集行为的合法性。

在数据采集过程中，我们可以综合使用多种方法，以获取更加全面、准确的数据。需要注意的是，在此过程中，必须保证数据来源的安全性与可靠性，并尽可能做到全面、客观、准确。

任务分析

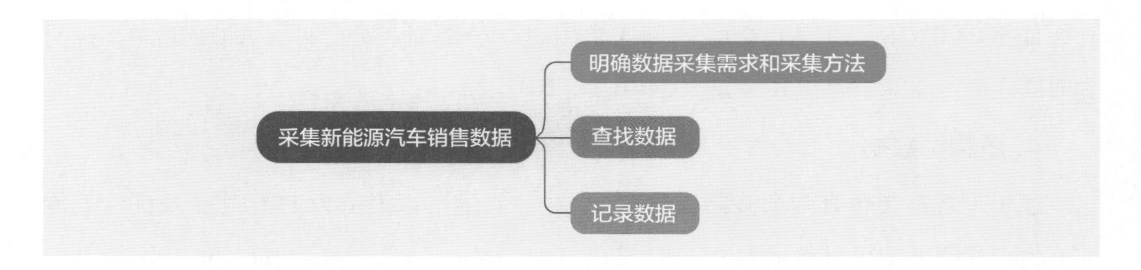

任务实践

1. 明确数据采集需求和采集方法

张昊想要获取 2021—2023 年我国新能源汽车的销量和同比增长率，此数据量较小，对数据的准确性要求较高，可以通过人工采集方式在网络上搜索获得。

2. 查找数据

打开浏览器，在搜索引擎中搜索关键词“工业和信息化部”，找到该网站，访问“工信数据 / 统计分析 / 装备工业 / 汽车”栏目，找到“2023 年 12 月汽车工业经济运行情况”链接并打开，如图 4–1–2 所示。

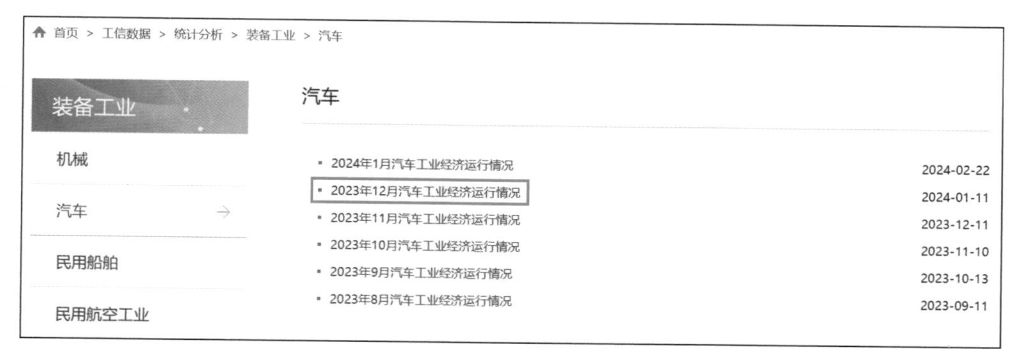

图 4-1-2　查找数据

在打开的页面信息中查找 2023 年 1—12 月新能源汽车销量和同比增长率数据。

按照以上方法，分别打开“2022 年 12 月汽车工业经济运行情况”和“2021 年 12 月汽车工业经济运行情况”链接，获取 2022 年和 2021 年新能源汽车销量和同比增长率数据。

操作提示

利用网络查找数据时，应获取各类官方网站上的公开数据，以确保数据的权威性、安全性和准确性。不能使用非法手段采集数据，也不能采集涉及个人隐私的数据。

3. 记录数据

打开“新能源汽车销售数据采集.txt”（素材库 / 第四单元 /4.1/ 任务 1），该文件中记录了我国 2017—2020 年新能源汽车的销售数据，如图 4-1-3 所示。

```
时间,销售量（万辆）,同比增长
2017年,77.7,53.3%
2018年,125.6,61.74%
2019年,120.6,-4.0%
2020年,136.7,10.9%
```

图 4-1-3　新能源汽车销售数据采集

请按照该文件中的数据格式，继续录入 2021—2023 年新能源汽车的销售数据。注意，数据之间用半角逗号进行分隔。

巩固提高

网络问卷是一种常用的数据采集方式，目前广泛使用的网络问卷工具有问卷星、腾讯问卷等。这些工具不仅支持问卷的创建与设计，还可以通过网络实现问卷的发送、回收、下载等功能，更为便捷的是，它们还能协助用户完成问卷数据的分析。请选择你感兴趣的主题，使用问卷星设计并制作一份问卷，并邀请同学或朋友参与填写，最终收集 10 ~ 20 份有效的问卷数据。

任务 2　创建与编辑数据表格

任务描述

在采集了新能源汽车的销售数据后，张昊计划将这些数据整理成一张数据表格，并对表格进行格式设置，从而更直观、更美观地展示所采集的数据。制作好的新能源汽车销售数据表如图 4-1-4 所示。

	A	B	C	D
1	新能源汽车销售数据表			
2	时间	销售量（万辆）	市场占比	同比增长
3	2017年	77.7	2.70%	53.30%
4	2018年	125.6	4.50%	61.74%
5	2019年	120.6	4.70%	-4.00%
6	2020年	136.7	5.40%	10.90%
7	2021年	352.1	13.40%	160.00%
8	2022年	688.7	25.60%	93.40%
9	2023年	949.5	31.60%	37.90%

图 4-1-4　新能源汽车销售数据表

知识储备

一、常用数据处理软件

使用数据处理软件，用户能够快速完成数据处理、分析和可视化任务，从而提高工作效率和准确性。下面我们来了解常用的数据处理软件。

常用的数据处理软件可以分为 3 类：电子表格软件、数据库管理系统和在线数据处理平台。这些数据处理工具各具特点，能满足不同的数据处理和分析需求。用户可以根据实际情况，选择合适的数据处理软件进行数据处理与分析工作。

1. 电子表格软件

电子表格软件是用于创建、编辑和分析电子表格文档的一种工具，它可以实现数据的记录、整理、计算、分析和可视化。在电子表格中，用户可以输入并编辑数据，使用公式和函数进行复杂的数据计算和处理，利用数据分析工具完成数据统计与分析。此外，电子表格软件通常也具备图表功能，能够直观地展示数据。

常用的电子表格软件有 WPS Office 表格、Microsoft Office Excel（以下简称 Excel）等。本单元使用的数据处理软件为 Excel。

2. 数据库管理系统

数据库管理系统是一种专门用于存储、管理和查询大量数据的软件，通常适用于需要高效且可靠数据管理的企业应用。数据库管理系统具有强大的数据组织和查询功能，允许用户进行数据检索、更新、删除等操作。此外，它还支持事务处理、并发控制、数据备份和恢复等功能，从而确保数据的完整性和安全性。

常用的数据库管理系统有 MySQL、Oracle 等。

3. 在线数据处理平台

在线数据处理平台是一种基于互联网和云计算的数据处理和分析工具，它通常具备强大的数据处理能力，能够支持大规模数据的存储和分析。这些平台提供丰富的数据可视化工具，使用户能轻松地将数据转化为图表、报表等形式，从而更好地理解和分析数据。此外，这些在线数据处理平台通常还支持多人协作与实时数据更新，便于团队成员在不同地点和时间协同进行数据处理和分析工作。

常用的在线数据处理平台有腾讯文档、FineBI、图表秀等。

二、Excel 表格的基本构成

1. 工作簿

在电子表格软件中，工作簿通常是指一个数据文件。例如，名为“汽车销售数据.xlsx”的 Excel 文件就是一个工作簿，如图 4-1-5 所示。

2. 工作表

工作表是工作簿中的一个页面，它包含了一个由行和列组成的网格，用于存储和管理数据。每个工作表都有一个名字，Excel 工作表默认的名字是“Sheet1”“Sheet2”等。

右击图 4-1-5 中的工作表“2023 销售数据”，在弹出的快捷菜单中可以选择命令，完成插入新的工作表、重命名、移动、复制、删除、隐藏、设置工作表标签颜色等操作。在实际应用中，可以根据需要在一个工作簿中建立不同的工作表。

3. 单元格

单元格是工作表中的最小单位，它位于工作表行、列的交叉点上。每个单元格由它所在的行号和列标唯一确定。

工作簿、工作表和单元格是 Excel 中的 3 个基本元素。一个工作簿可由多个工作表组成，一个工作表就是一个页面，而一个工作表又由多个单元格组成。

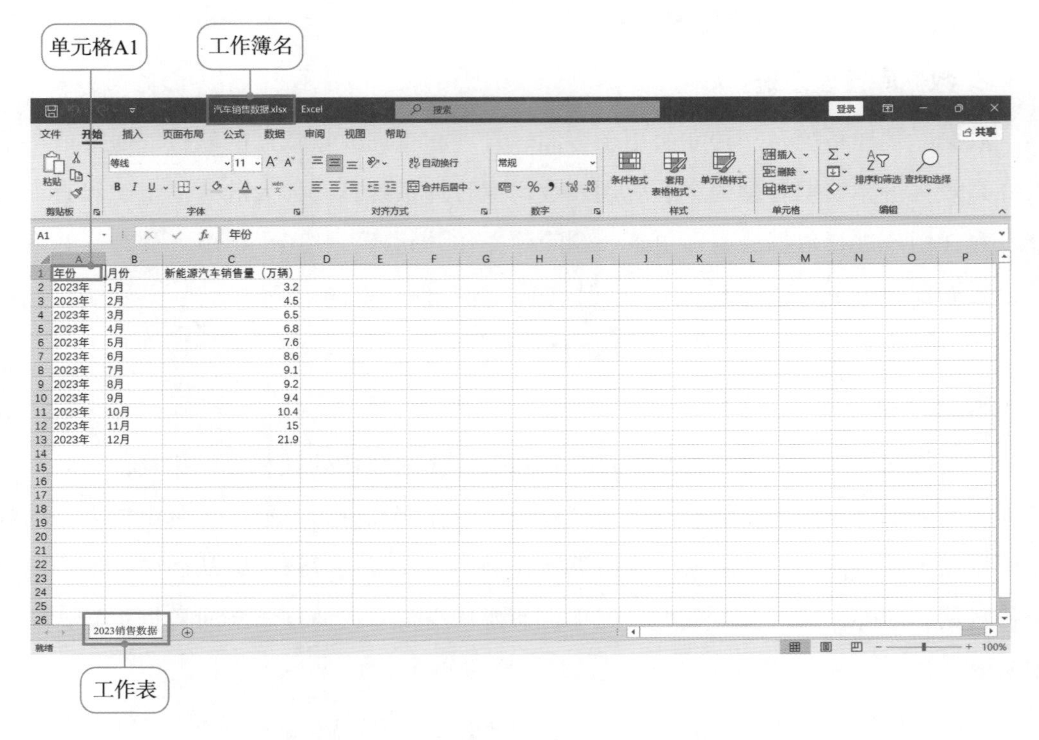

图 4-1-5　工作簿、工作表和单元格

任务分析

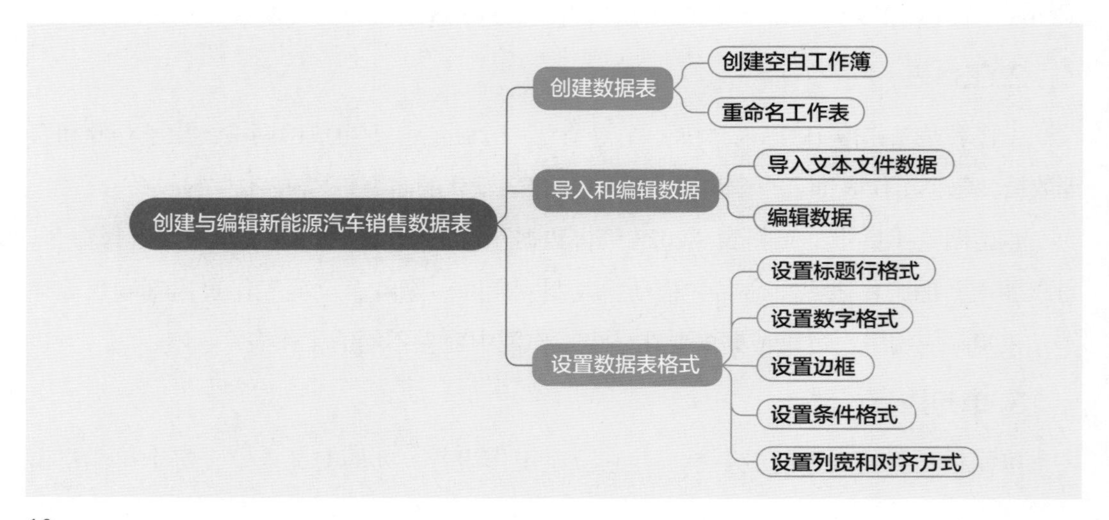

任务实践

下面让我们跟张昊一起，制作新能源汽车销售数据表，并对其进行格式设置，使其更加美观。

1. 创建数据表

（1）创建空白工作簿。打开 Excel，单击“新建”中的“空白工作簿”按钮，创建一个空白工作簿，如图 4–1–6 所示。单击左上方的“保存”按钮，保存该工作簿，并将其命名为“新能源汽车销售统计.xlsx”。

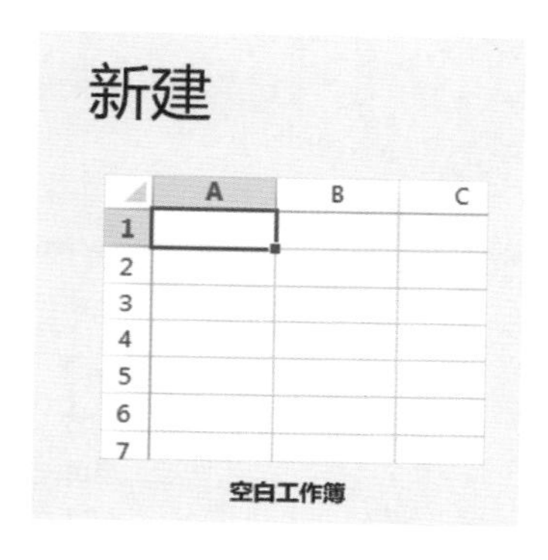

图 4–1–6　创建空白工作簿

（2）重命名工作表。右击工作表名称“Sheet1”，在弹出的快捷菜单中选择“重命名”命令，将该工作表命名为“新能源汽车销售数据表”。注意，为工作表重命名还可以通过双击工作表名称完成。

2. 导入和编辑数据

（1）导入文本文件数据。在 Excel 中导入本节任务 1 中制作的数据采集文件。

1）选择从文本文件导入数据。操作步骤如图 4–1–7 所示。

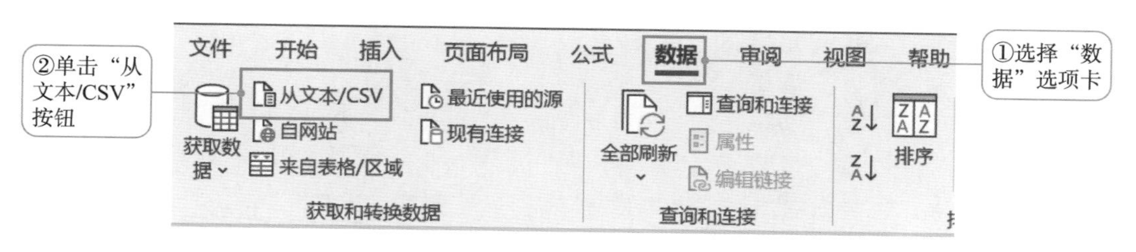

图 4–1–7　从文本文件导入数据

2）在弹出的“导入数据”对话框中导入“新能源汽车销售数据采集.txt”文件。操作步骤如图 4-1-8 所示。

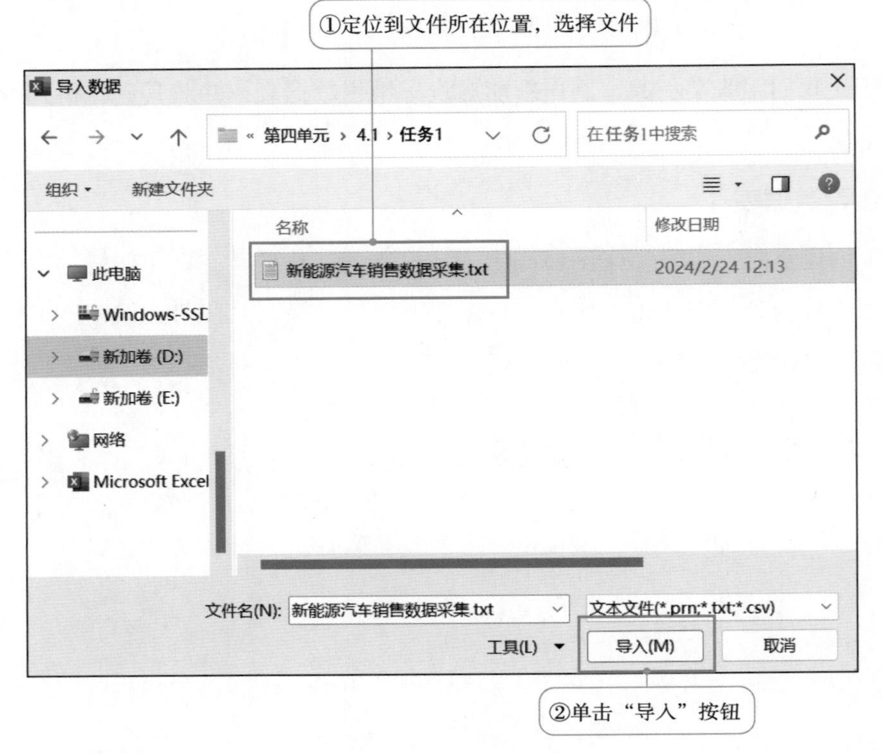

图 4-1-8　导入数据对话框

3）进行导入数据设置，操作步骤如图 4-1-9 所示。

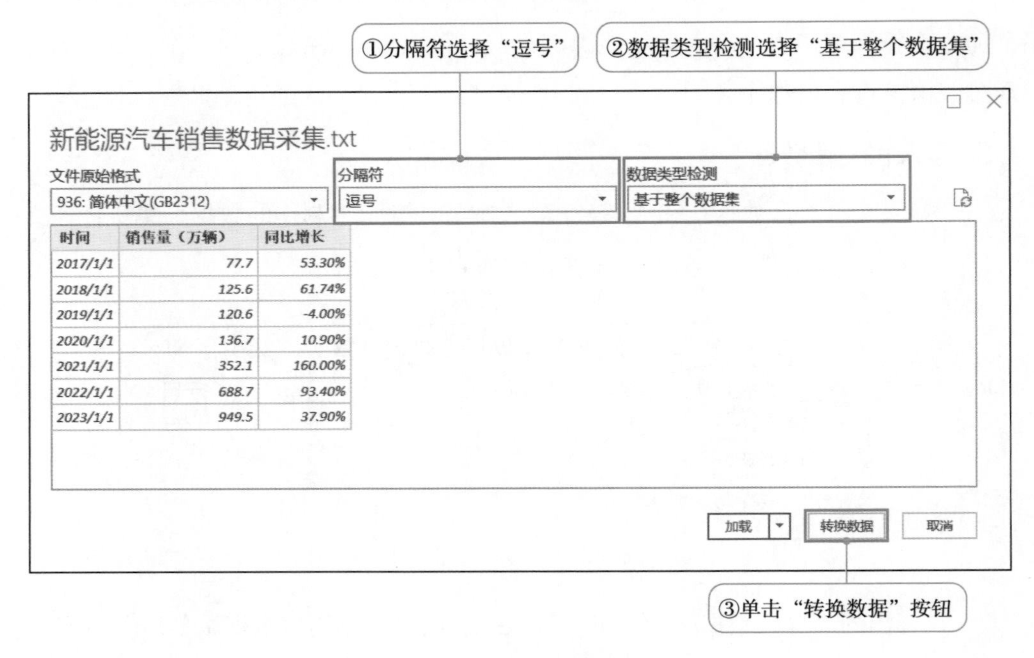

时间	销售量（万辆）	同比增长
2017/1/1	77.7	53.30%
2018/1/1	125.6	61.74%
2019/1/1	120.6	-4.00%
2020/1/1	136.7	10.90%
2021/1/1	352.1	160.00%
2022/1/1	688.7	93.40%
2023/1/1	949.5	37.90%

图 4-1-9　导入数据设置

4）在弹出的“Power Query 编辑器”中进行转换数据设置，将“时间”列的数据类型修改为“文本”。操作步骤如图 4-1-10 所示。

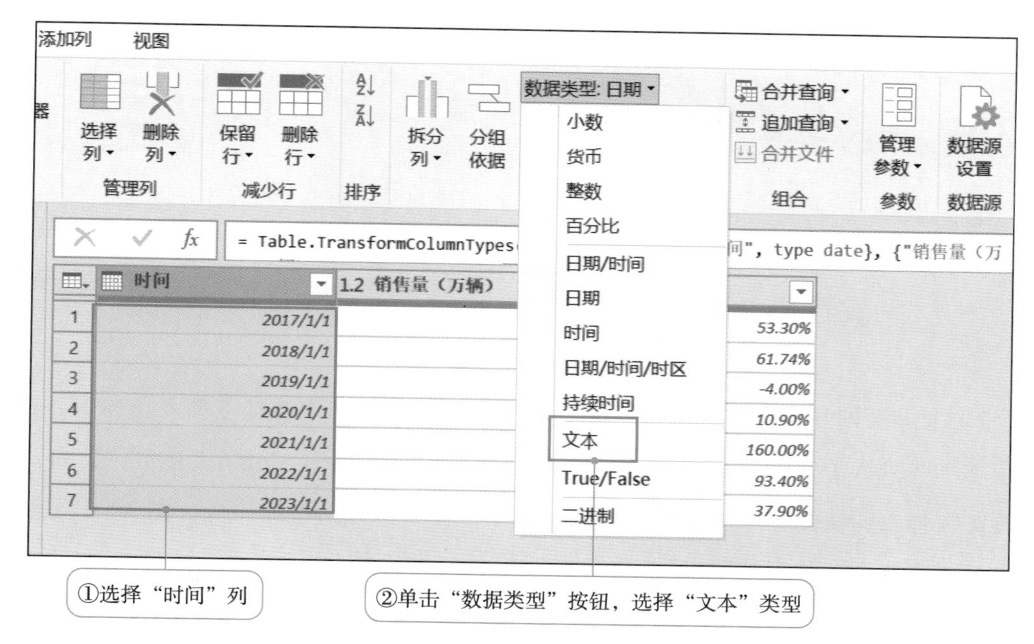

图 4-1-10　转换数据

操作提示

导入外部数据文件后，导入的数据表每一列都自动添加了筛选按钮。这会导致某些功能无法使用，因此需要将数据表转换为普通区域，操作步骤如图 4-1-11 所示。

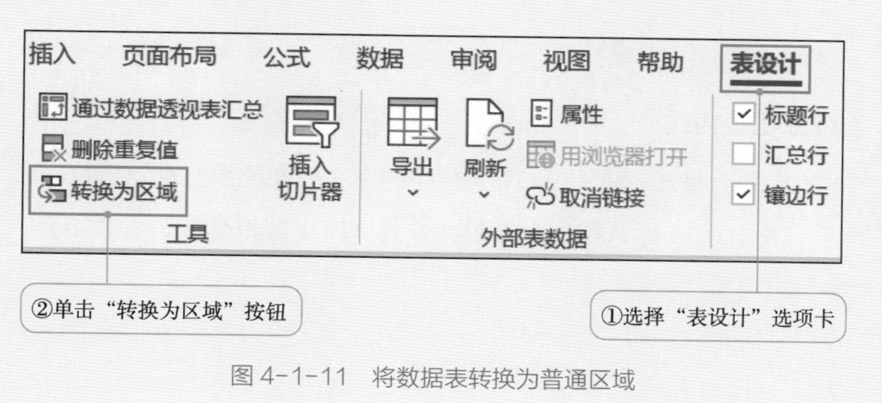

图 4-1-11　将数据表转换为普通区域

（2）编辑数据。首先清除数据表格式，然后增加新列和标题行。

1）清除数据表格式。操作步骤如图 4-1-12 所示。

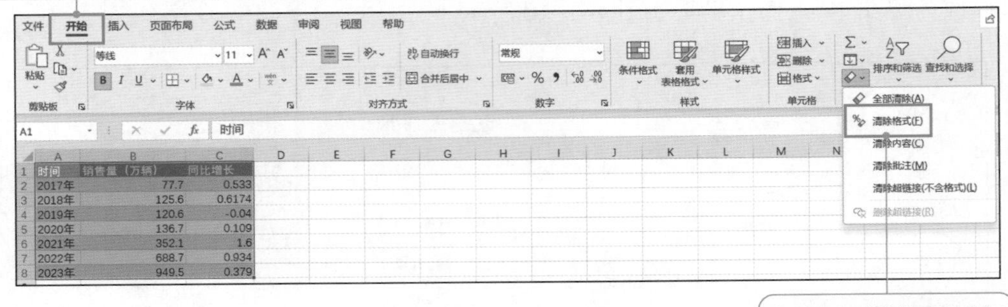

图 4-1-12　清除数据表格式

2）增加新列和标题行。右击 C 列，在弹出的快捷菜单中选择"插入"命令，在 C 列前增加一列，原来的"同比增长"变为 D 列。在 C 列中输入市场占比数据。右击第一行，在弹出的快捷菜单中选择"插入"命令，在第一行前增加一行，在 A1 单元格内输入"新能源汽车销售数据表"。效果如图 4-1-13 所示。

	A	B	C	D
1	新能源汽车销售数据表			
2	时间	销售量（万辆）	市场占比	同比增长
3	2017年	77.7	0.027	0.533
4	2018年	125.6	0.045	0.6174
5	2019年	120.6	0.047	-0.04
6	2020年	136.7	0.054	0.109
7	2021年	352.1	0.134	1.6
8	2022年	688.7	0.256	0.934
9	2023年	949.5	0.316	0.379

图 4-1-13　新能源汽车销售数据表

3. 设置数据表格式

（1）设置标题行格式。选中 A1 单元格中的文字"新能源汽车销售数据表"，设置字体为楷体，字号为 16 磅，颜色为红色，并将 A1:D1 区域合并，将其填充为浅绿色，使文字居中显示。操作步骤如图 4-1-14 所示。

（2）设置数字格式。将"市场占比"和"同比增长"两列数据设置为百分比显示。操作步骤如图 4-1-15 所示。

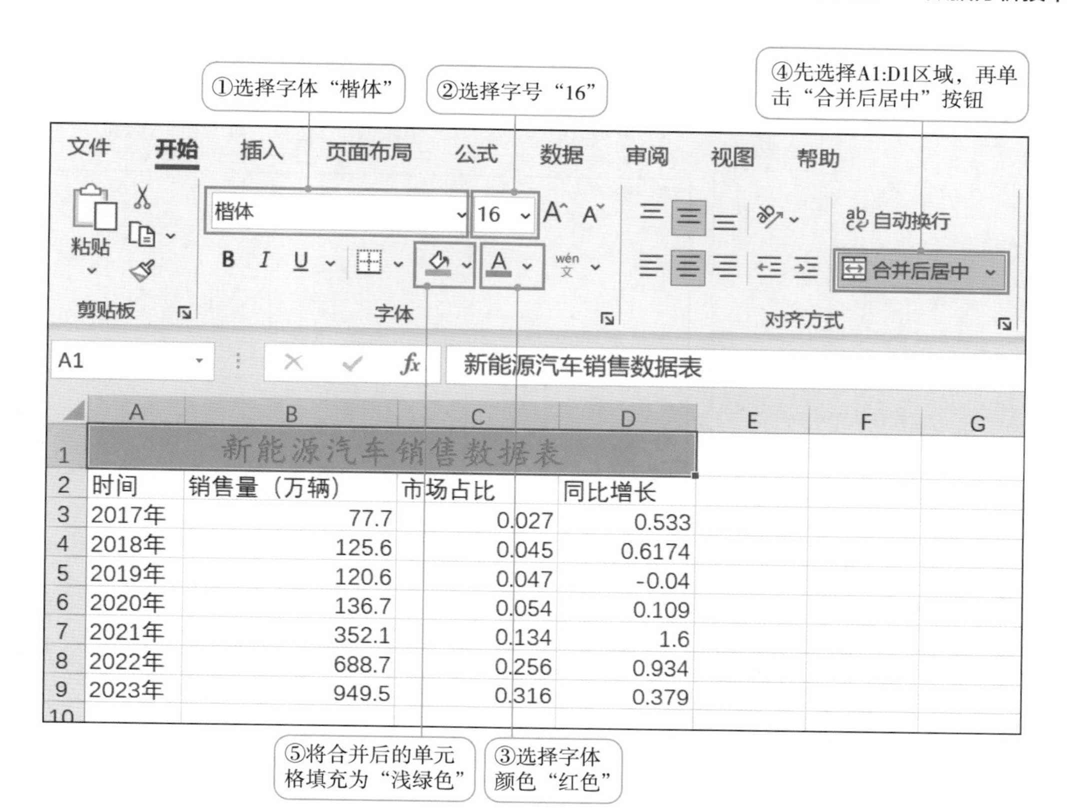

图 4-1-14　设置标题行格式

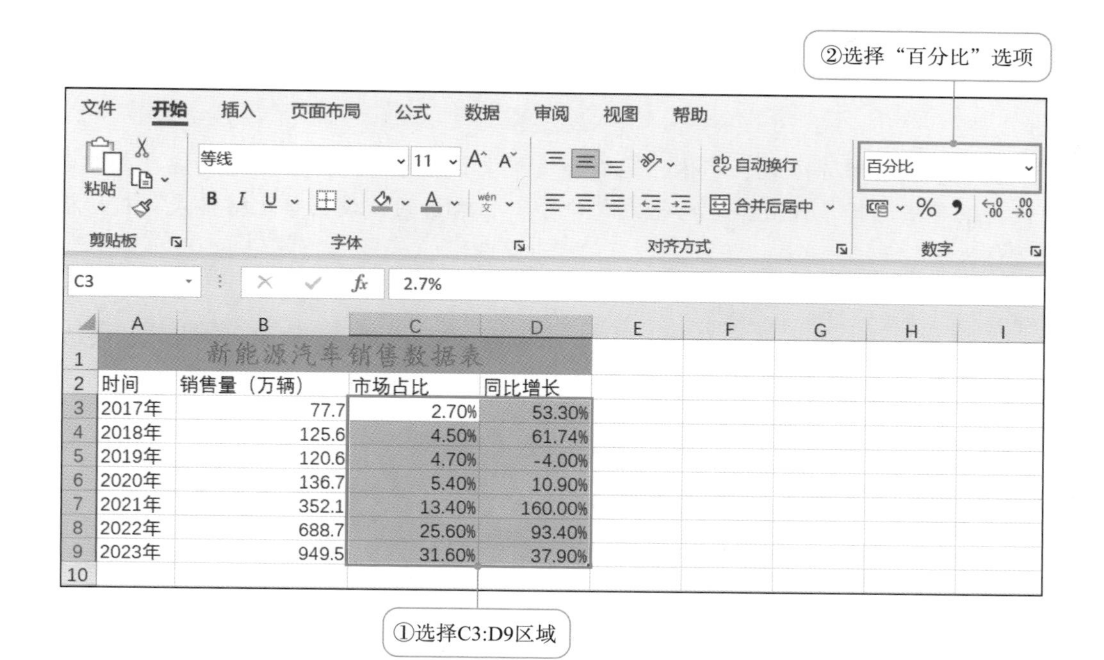

图 4-1-15　设置数字格式

（3）设置边框。为数据表添加蓝色、细线边框。操作步骤如图 4-1-16 所示。

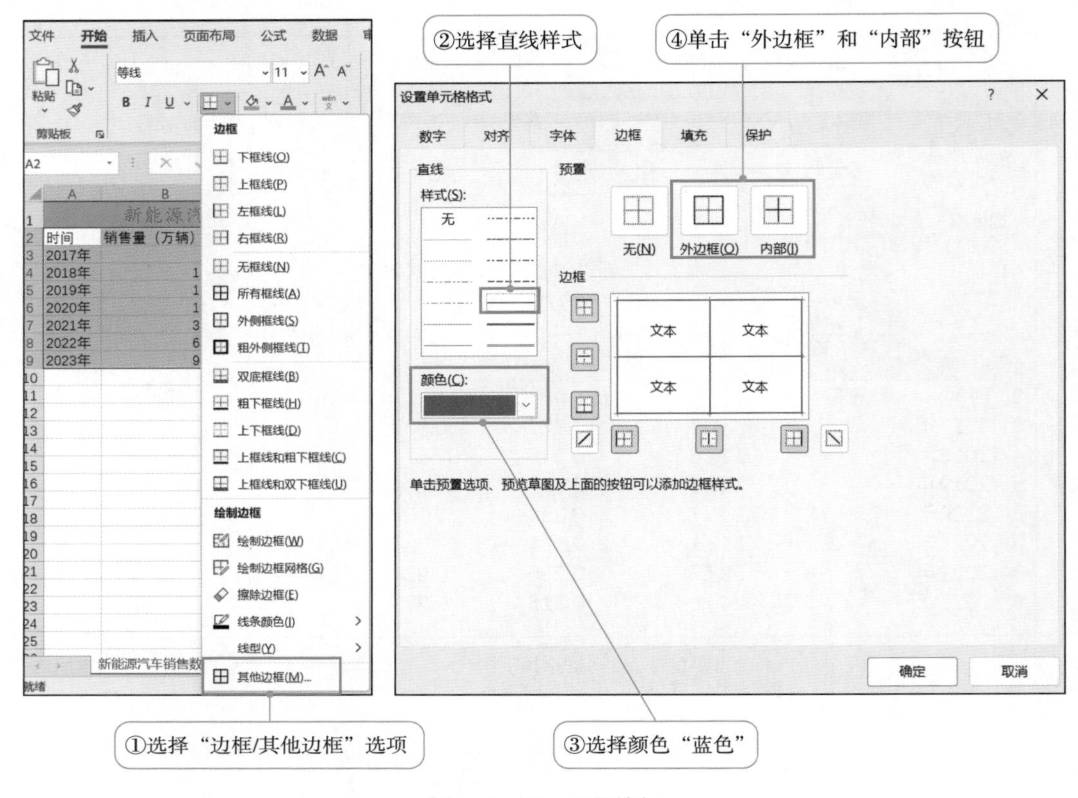

图 4-1-16　设置边框

操作提示

数字格式、对齐方式、字体、边框和填充设置都可以通过右击单元格，在弹出的快捷菜单中选择“设置单元格格式”命令，在弹出的“设置单元格格式”对话框中进行设置。

（4）设置条件格式。将同比增长超过 50%（包括 50%）的数据所在的单元格填充为橙色。操作步骤如图 4-1-17 所示。

（5）设置列宽和对齐方式。将数据表中的 4 列宽度设置为 15，并设置 A2:D9 区域的数据为居中对齐。操作步骤如图 4-1-18 所示。

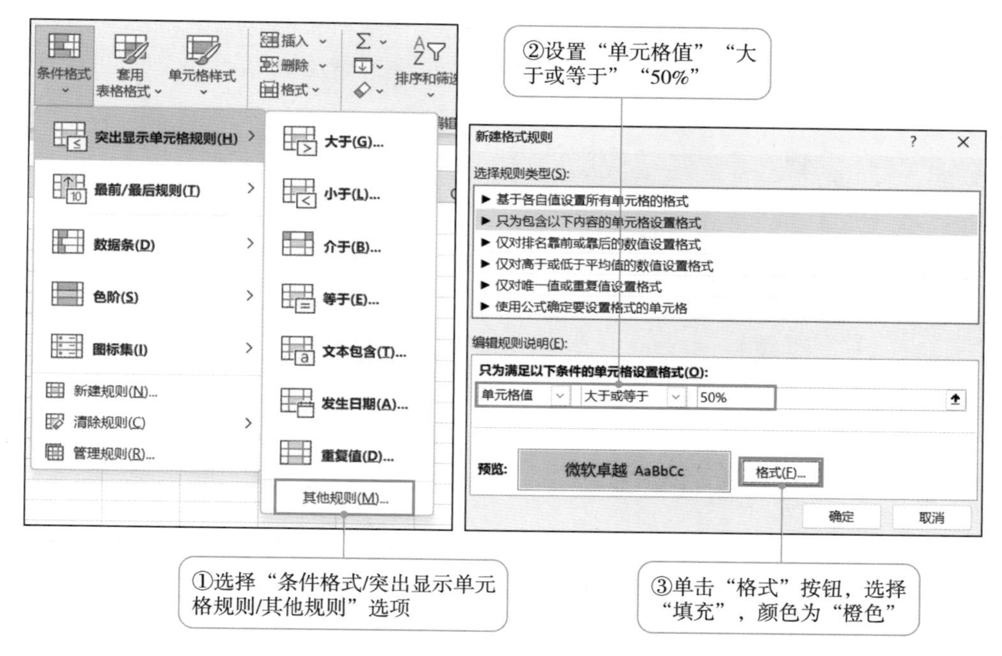

图 4-1-17　设置条件格式

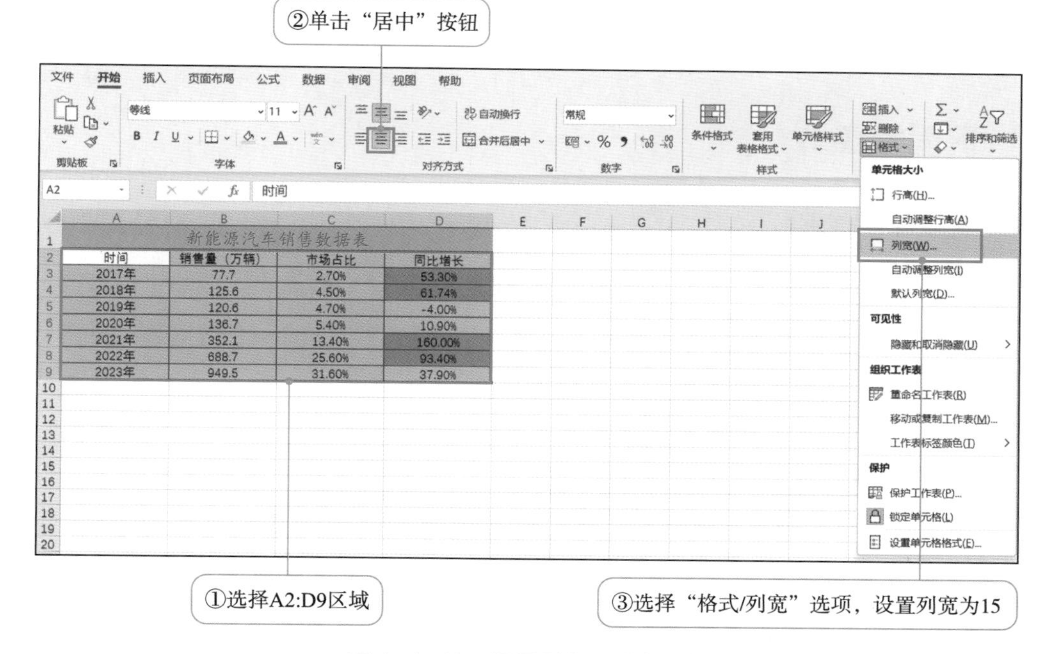

图 4-1-18　设置列宽和对齐方式

知识拓展

除了自定义数据表格式，也可以使用 Excel 提供的表格格式，如图 4-1-19 所示。

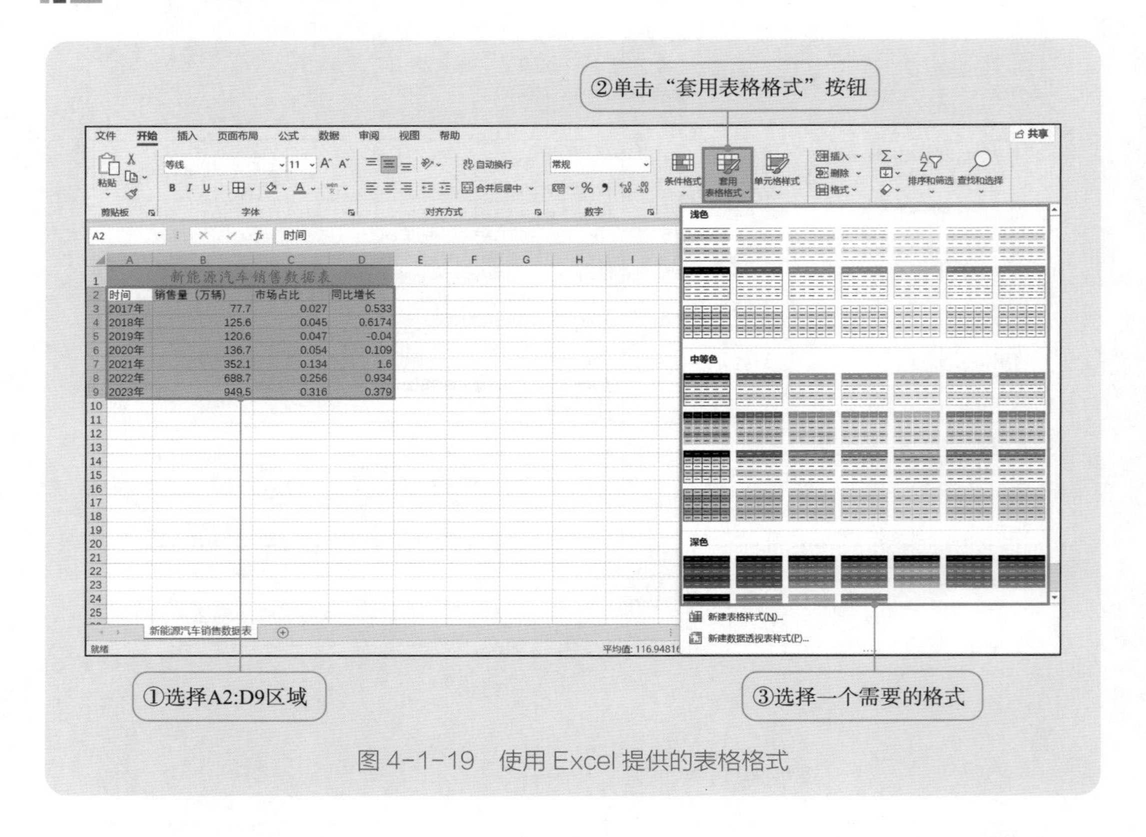

图 4-1-19 使用 Excel 提供的表格格式

巩固提高

在任务 1 的巩固提高中，我们完成了一项网络问卷调查。请下载该问卷的答卷数据（电子表格文件格式），并对这些数据进行适当的整理和编辑（如删除错误数据、筛选需要展示的数据等）。完成这些步骤后，请将以上数据制作成一个数据表，并进行格式设置。

拓展与探究

大数据技术应用

在数字化时代，大数据已经成为推动社会进步的重要动力。大数据技术不仅能帮助人们更好地理解和应对这个快速变化的世界，还能为社会发展创造无限可能。

1. 什么是大数据

顾名思义，大数据指的是海量的数据集合。大数据不仅包括规模庞大的数据量，还包含数据的生成速度、多样性以及真实性等多个维度。人们在微信、微博、抖音等社交媒体上的互动、购物网站的访问历史、银行交易信息等都是大数据的一部分。

与传统数据相比，大数据具有以下特点。

（1）数据体量大。大数据的规模往往超出传统数据库的处理极限，需要借助更高级的存储和处理技术。

（2）数据类型多。除了传统的结构化数据外，大数据还包含半结构化及非结构化数据，如社交媒体上的文字、图片、视频等。

（3）数据价值高。尽管大数据中包含大量的冗余和无关信息，但通过精准的分析和挖掘，可以从中提取出极具价值的信息。

2. 大数据技术

大数据的处理包括数据采集、存储、处理、分析和可视化等环节，其中每一个环节都需要一系列的技术支持。

（1）数据采集。数据采集即利用各种传感器、网络爬虫、API（应用程序接口）等技术手段，收集分布在各个角落的数据的过程。

（2）数据存储。采用分布式文件系统（如 Hadoop HDFS）和 NoSQL 数据库，实现对海量数据的存储和管理。

（3）数据处理。运用 MapReduce、Spark 等计算框架，对大数据进行高效的批处理和流处理。

（4）数据分析。借助数据挖掘、机器学习等技术手段，对大数据进行深入分析，发掘隐藏在数据中的规律和价值。

（5）数据可视化。通过图表、仪表板等方式，将复杂的数据分析结果以直观、易懂的方式呈现给用户。

3. 大数据技术应用

大数据的应用场景非常广泛，已经渗透到生产生活的各个领域，以下是一些典型的应用案例。

（1）商业智能。深入分析销售数据、用户行为等，帮助企业做出更明智的决策，提高经营效率。

（2）个性化推荐。基于用户的浏览和购买历史，提供精准的商品和服务推荐，提升用户体验。

（3）医疗健康。收集和分析患者的医疗数据，实现精准医疗和疾病预防。

（4）智慧城市。通过监测城市交通、环境等数据信息，提升城市管理效率，改善居民生活质量。

（5）金融风控。实时分析金融交易数据，及时发现潜在风险，保障金融安全。

4.2 加工数据

在日常生活和工作中，当我们采集完数据后，还需要对数据进行进一步的加工处理，才能体现数据的价值。数据加工是数据处理的重要环节。例如，在获取学校运动会各项比赛成绩后，我们可以计算出各个班级的积分，根据这些积分排出团体名次，并按条件对各项成绩进行分类和汇总。

学习目标

1. 理解公式、函数、排序、筛选和分类汇总等常用数据加工方法的作用。
2. 会应用公式和函数进行数据计算。
3. 会应用排序和筛选进行数据处理。
4. 会应用分类汇总进行数据分析。

任务 1　使用公式和函数

任务描述

王天航是某技师学院计算机应用与维修专业的学生，同时也是学生会体育社的成员。在学院一年一度的运动会上，他负责对各项目的比赛成绩进行统计与分析。成绩的统计与分析是一项烦琐的工作，以往都是由人工完成，不仅耗时长，而且容易出错。今年，他决定借助 Excel 的数据处理功能来完成这项工作。首先根据各项目的名次来计算项目积分，然后根据项目积分算出每个班级的总分，最后根据总分确定团体排名。经过精心设计，他制作了多个表格，如"个人赛项积分汇总表""团体赛项积分汇总表""班级各赛项积分汇总表"等。为了方便查看，我们选取了部分表格作为本任务的操作素材（参见"素材库/第四单元/4.2/任务 1"）。使用公式和函数处理后的表格如图 4-2-1 所示。

个人赛项积分汇总表

赛项名称	类型	组别	所在系部	所在班级	名次	成绩（秒、米）	积分
男子100米	个人	高技组	机械工程	22高级数控（2）	1	11.95	5
男子100米	个人	高技组	信息技术	22高级计算机应用（1）	2	12.12	3
男子100米	个人	高技组	机电工程	21高级电子电工（2）	3	12.25	1
男子跳远	个人	中技组	信息技术	23计算机网络（1）	1	5.20	5
男子跳远	个人	中技组	财经商贸	23电子商务（2）	2	4.95	3
男子跳远	个人	中技组	机械工程	23模具（1）	3	4.80	1
男子400米	个人	中技组	机电工程	23电子电工（2）	1	1:06:16	5
男子400米	个人	中技组	机械工程	23数控（1）	2	1:07:19	3
男子400米	个人	中技组	机械工程	22数控（2）	3	1:07:25	1

团体赛项积分汇总表

赛项名称	类型	组别	所在系部	所在班级	名次	成绩（秒）	积分
男子4*100米	团体	高技组	机械工程	22高级数控（2）	1	48.75	10
男子4*100米	团体	高技组	信息技术	22高级计算机应用（1）	2	49.16	6
男子4*100米	团体	高技组	机电工程	21高级电子电工（1）	3	49.56	2
男子4*100米	团体	中技组	机械工程	21数控（1）	1	50.12	10
男子4*100米	团体	中技组	机电工程	21电子电工（2）	2	50.36	6
男子4*100米	团体	中技组	信息技术	21计算机应用（2）	3	50.67	2
女子4*100米	团体	高技组	财经商贸	22高级电子商务（2）	1	53.72	10
女子4*100米	团体	高技组	机械工程	21高级数控（2）	2	54.09	6
女子4*100米	团体	高技组	信息技术	21高级计算机应用（2）	3	54.25	2

班级各赛项积分汇总表

赛项名称	类型	组别	所在系部	所在班级	名次	成绩（秒、米）	积分
男子100米	个人	高技组	机械工程	22高级数控（2）	1	11.95	5
男子4*100米	团体	高技组	机械工程	22高级数控（2）	1	48.75	10
男子400米	团体	高技组	机械工程	22高级数控（2）	3	1:05:48	1
男子跳远	个人	高技组	机械工程	22高级数控（2）	3	5.55	1
男子铅球	个人	高技组	机械工程	22高级数控（2）	2	11.89	3
男子4*400米	团体	高技组	机械工程	22高级数控（2）	2	2:45:15	6
男子1500米	个人	高技组	机械工程	22高级数控（2）	1	5:29:59	5
女子100米	个人	高技组	机械工程	22高级数控（2）	3	15.17	1
女子4*100米	团体	高技组	机械工程	22高级数控（2）	2	54.09	6
总分							38

班级积分排名表（高技组）

年级	系部	班级	总积分	名次
22级	信息技术	22高级计算机网络（2）	35	4
23级	信息技术	23高级计算机网络（1）	20	7
22级	机械工程	22高级数控（2）	38	2
23级	机械工程	23高级数控（1）	26	6
23级	机电工程	23高级电子电工（1）	45	1
22级	机电工程	22高级电子电工（1）	38	2
23级	机电工程	23高级物联网	18	8
23级	财经商贸	23高级电子商务（2）	32	5

图 4-2-1　使用公式和函数处理后的表格

知识储备

公式和函数都是 Excel 中十分常用且实用的功能。Excel 提供了类型丰富且功能强大的公式和函数，可以利用它们对原始数据进行加工与处理。

一、公式

Excel 中的公式是对工作表中的数据进行计算的等式，它以等号（=）开始，其后是公式的表达式。公式的表达式由引用、运算符、常量和函数等组成，如图 4-2-2 所示。在工作表中进行简单的加、减、乘、除、幂运算时，不需要使用函数，只需要使用基本的运算符。

1. 引用

引用是指通过单元格名称或单元格区域名称方式获取其中的数据。在图 4-2-2 的公式中，“C13:F13”就是引用。

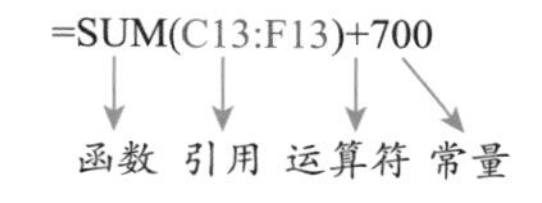

图 4-2-2　公式的表达式

2. 运算符

运算符是一个标记或符号，它指定表达式内执行的计算类型。Excel 中主要包含 4 种运算符：算术运算符、比较运算符、文本连接运算符和引用运算符。公式中如果使用多个运算符，则按运算符的优先级由高到低进行运算，同级别的运算符从左到右进行运算。运算符优先级顺序为：引用运算符 > 算术运算符 > 文本连接运算符 > 比较运算符。

（1）算术运算符。Excel 中的算术运算符有 +、–、*、/、%、^，它们用于完成数学中的算术运算，包括加、减、乘、除、求百分比、乘方。算术运算符的应用如图 4-2-3 所示。

E2　=A2+A3

	A	B	C	D	E
1	示例数据	运算符	运算功能	公式举例	运算结果
2	9	+	加	=A2+A3	15
3	6	-	减	=A2-A3	3
4		*	乘	=A2*A3	54
5		/	除	=A2/A3	1.5
6		%	求百分比	=A2%	0.09

图 4-2-3　算术运算符的应用

（2）比较运算符。Excel 中的比较运算符有 >、<、>=、<=、=、<>，它们用于完成数学中的比较运算，包括大于、小于、大于等于、小于等于、等于、不等于，运算结果为 TRUE 或 FALSE。比较运算符的应用如图 4-2-4 所示。

E2　=A2>A3

	A	B	C	D	E	F
1	示例数据	运算符	运算功能	公式举例	运算结果	运算说明
2	9	>	大于	=A2>A3	TRUE	如果比较结果成立，则为TRUE，否则为FALSE
3	6	<	小于	=A2<A3	FALSE	
4		>=	大于等于	=A2>=A3	TRUE	
5		<=	小于等于	=A2<=A3	FALSE	
6		=	等于	=A2=A3	FALSE	
7		<>	不等于	=A2<>A3	TRUE	

图 4-2-4　比较运算符的应用

（3）文本连接运算符。文本连接运算符是 &，它用于连接一个或多个文本字符串，以生成一段文本。文本连接运算符的应用如图 4-2-5 所示。

E2　=A2&A3&A4

	A	B	C	D	E
1	示例数据	运算符	运算功能	公式举例	运算结果
2	中华人民共和国	&	连接字符串	A2&A3&A4	中华人民共和国第一届职业技能大赛
3	第一届				
4	职业技能大赛				

图 4-2-5　文本连接运算符的应用

（4）引用运算符。引用运算符有冒号（:）、逗号（,）和空格，它们用于对单元格或单元格区域进行区域、联合和交叉运算。引用运算符的应用如图 4-2-6 所示。

E2　=SUM(A2:A6)

	A	B	C	D	E	F
1	示例数据	运算符	运算功能	公式举例	运算结果	运算说明
2	3	:冒号	区域运算	=SUM(A2:A6)	45	对A2到A6区域内的单元格进行引用
3	6	,逗号	联合运算	=SUM(A2:A6,E2)	90	将多个引用的单元格合并为一个引用
4	9	空格	交叉运算	=SUM(A2:A6 A3:A5)	27	将多个引用的单元格的共有部分合并为一个引用
5	12					
6	15					
7						

图 4-2-6　引用运算符的应用

3. 常量

常量是指在运算过程中不发生变化的量，在图 4-2-2 中，“700”就是常量。

4. 函数

函数是预定义的计算公式或计算过程，是数据处理软件中的重要部分。Excel 中的函数包括财务函数、逻辑函数、文本函数、日期和时间函数等。当按要求传递给函数一个或多个数据（每个数据称作参数）时，函数就能计算出一个唯一的结果。

函数的一般结构是“函数名（参数 1, 参数 2,…）”，如图 4-2-7 所示。函数名是函数的名称，参数可以是常量、单元格引用、表达式等。有些函数可以不带参数。

=SUM(G3:G11)

函数名　参数

图 4-2-7　函数的组成

Excel 中的内置函数常用的有求和函数（SUM）、求平均值函数（AVERAGE）、最大值函数（MAX）、最小值函数（MIN）、计数函数（COUNT）、排名函数（RANK）、条件函数（IF）等，它们的功能和使用示例见表 4-2-1。

表 4-2-1　Excel 内置函数的功能和使用示例

常用函数	功能	示例
SUM	返回某一区域中所有数值之和，参数可以是数值、名称、数组、引用	=SUM(20, B5, C10:E10) 计算 20、单元格 B5 中的数值和 C10:E10 区域中所有数值的和
AVERAGE	返回所有参数的平均值（算术平均值），参数可以是数值、名称、数组、引用	=AVERAGE(C5:E5) 计算 C5:E5 区域中所有值的平均值
MAX	返回参数列表中的最大值，忽略文本值和逻辑值	=MAX(A2:B15) 返回 A2:B15 区域中的最大值

续表

常用函数	功能	示例
MIN	返回参数列表中的最小值，忽略文本值和逻辑值	=MIN(A2:B15) 返回 A2:B15 区域中的最小值
COUNT	返回包含数字的单元格以及参数列表中的数字的个数	=COUNT(A5:B10) 返回 A5:B10 区域中的数字的个数
RANK	返回某数字在一列数字中相对于其他数值的大小排名	=RANK(K3,K3:K10,0) 计算单元格 K3 中的数据在 K3:K10 区域数据范围的降序排列（即从大到小）
IF	判断一个条件是否满足，如果满足则返回一个值，如果不满足则返回另外一个值	=IF(A6>=85,"优秀","非优秀") 判断 A6 中的数值是否大于等于 85，如果大于等于 85，计算结果为“优秀”，否则为“非优秀”

二、单元格引用方式

Excel 中的公式和函数可以引用本工作簿或其他工作簿中的任意单元格的数据。单元格的引用方式包括相对引用、绝对引用和混合引用。

1. 相对引用

相对引用是指在公式中引用的单元格与包含公式的单元格之间保持相对位置关系。在复制公式时，新公式中的单元格引用会根据新位置相应地调整。例如公式“=SUM(B5:D5)”，当把这个公式复制到工作表的其他位置时，公式中的“B5:D5”会自动调整为与新位置相对应的区域。

2. 绝对引用

在绝对引用的单元格中，列号、行号前有“$”符号。即使公式和函数所在单元格的位置改变，绝对引用的单元格也始终保持不变，因此引用的数据也不变。例如公式“=AVERAGE($E$5:$E$15)”，无论把它复制到哪个单元格，求平均值的区域都固定为“E5:E15”。

3. 混合引用

混合引用具有绝对列和相对行，或是绝对行和相对列。绝对引用列采用 $A1、$B1 的形式，绝对引用行采用 A$1、B$1 的形式。如果公式和函数所在单元格的位置改变，则相对引用改变，而绝对引用不变。例如公式“=AVERAGE (E$5:E$15)”，当公式复制到同一工作表中新的位置时，公式中的绝对引用（前面加“$”的部分）不会发生变化。

任务分析

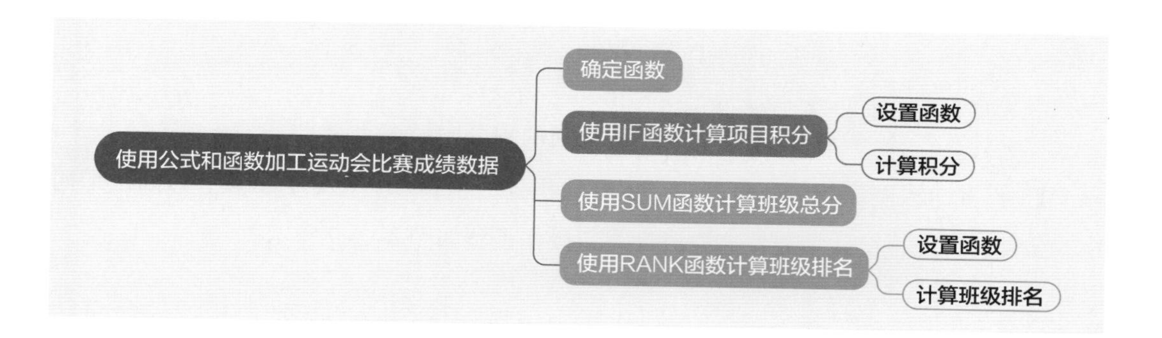

任务实践

随着比赛的进行，各赛项成绩不断出炉。王天航需要在收集到各赛项成绩表的基础上，按照计分规则，首先分个人和团体两个组别计算项目积分，然后根据各项目积分计算班级总分［以 22 高级数控（2）班为例］，最后根据班级总分按组别确定团体排名（以高技组为例）。

1. 确定函数

根据运动会的计分规则，各项比赛的前 3 名均予计分，单人项目的分值分别为 5 分、3 分、1 分，团体项目的分值是单人项目分值的两倍。可使用 IF 函数分别计算项目积分，使用 SUM 函数计算班级总分，使用 RANK 函数确定排名。

2. 使用 IF 函数计算项目积分

（1）设置函数。按照积分规则，根据 IF 函数的语法结构，计算个人项目积分的公式为“IF(F3=1,5,IF(F3=2,3,1))”，计算团体项目积分的公式为“IF(F3=1,10,IF(F3=2,6,2))”。

实用技巧

IF 函数的基本公式为“IF(条件,条件满足时返回的值,条件不满足时返回的值)”。如果返回值显示为中文，则需在返回值上加双引号。

IF 函数既可以用来进行单条件判断，又可以进行多条件判断。以本任务中的个人项目为例，首先使用 IF 函数判断名次是否为 1，如果为第一名，则积分为 5 分；否则嵌套使用 IF 函数继续进行判断，如图 4-2-8 所示。

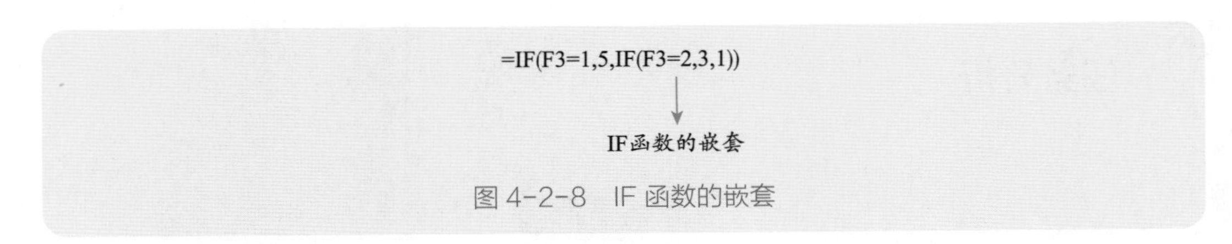

图 4-2-8 IF 函数的嵌套

（2）计算积分。分别计算个人和团体赛项的积分。

1）计算个人赛项积分。打开“个人赛项积分汇总表”，插入 IF 函数，按语法结构输入条件，并通过公式填充快速完成计算。操作步骤如图 4-2-9 所示。

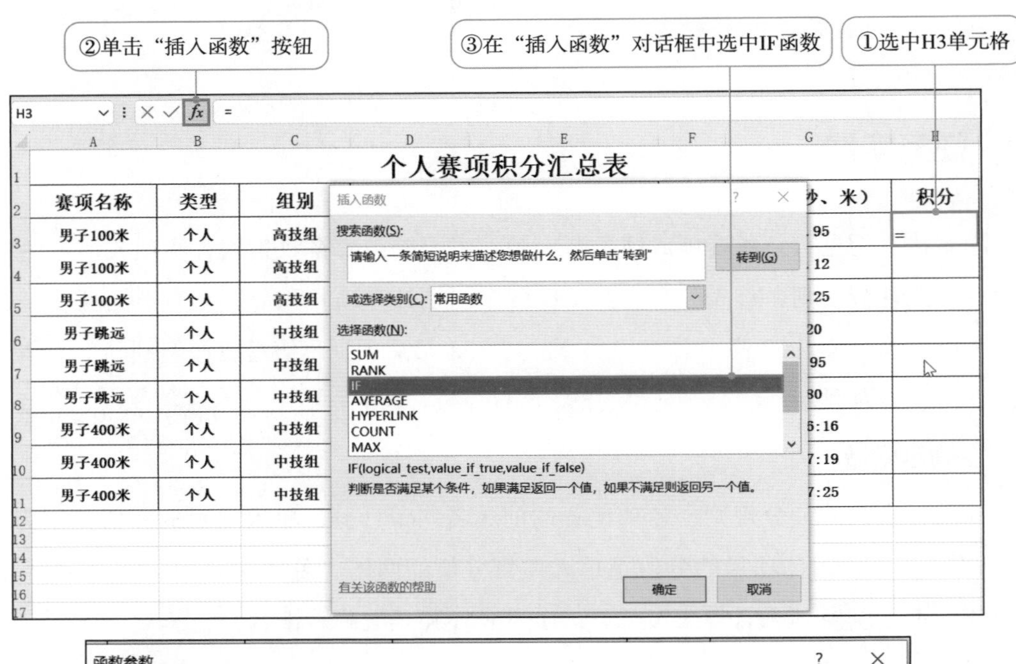

图 4-2-9 插入 IF 函数并设置函数参数

双击 H3 单元格右下角的填充柄“**+**”，可快速完成其他项目积分的计算，也可以拖动填充柄来完成计算。

操作提示

插入函数前，要先选中函数结果所在的单元格。函数中的标点符号，包括括号、逗号、引号、冒号等都必须在英文状态下输入，否则会造成函数语法错误，无法正常使用。在输入函数的参数时，单击单元格即可引用单元格名称。

2）计算团体赛项积分。计算团体赛项积分的步骤与计算个人赛项一致，只需在“团体赛项积分汇总表”中设置 IF 函数的参数时填入团体赛项积分的公式，如图 4-2-10 所示。

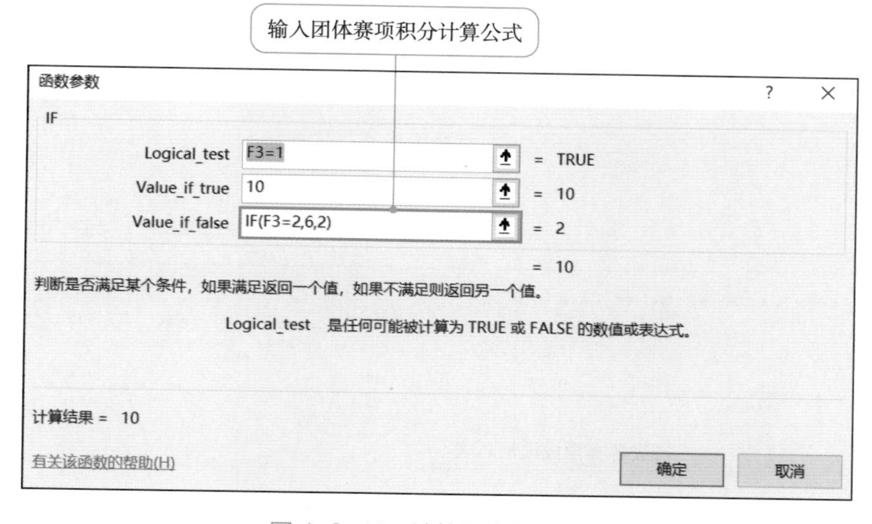

图 4-2-10　计算团体赛项积分

3. 使用 SUM 函数计算班级总分

打开“班级各赛项积分汇总表”，插入 SUM 函数，输入参数，完成计算，操作步骤如图 4-2-11 所示。

因为 SUM 函数是常见函数，为方便使用，Excel 在常用工具栏中设置了快捷方式，也可以直接通过工具栏进行操作，如图 4-2-12 所示。

实用技巧

要插入函数，还可以使用其他方法：一是选择“公式”菜单，单击“插入函数”按钮，打开“插入函数”对话框，选择相应函数；二是如果知道函数名称和使用方法，也可以直接在编辑栏中输入函数。

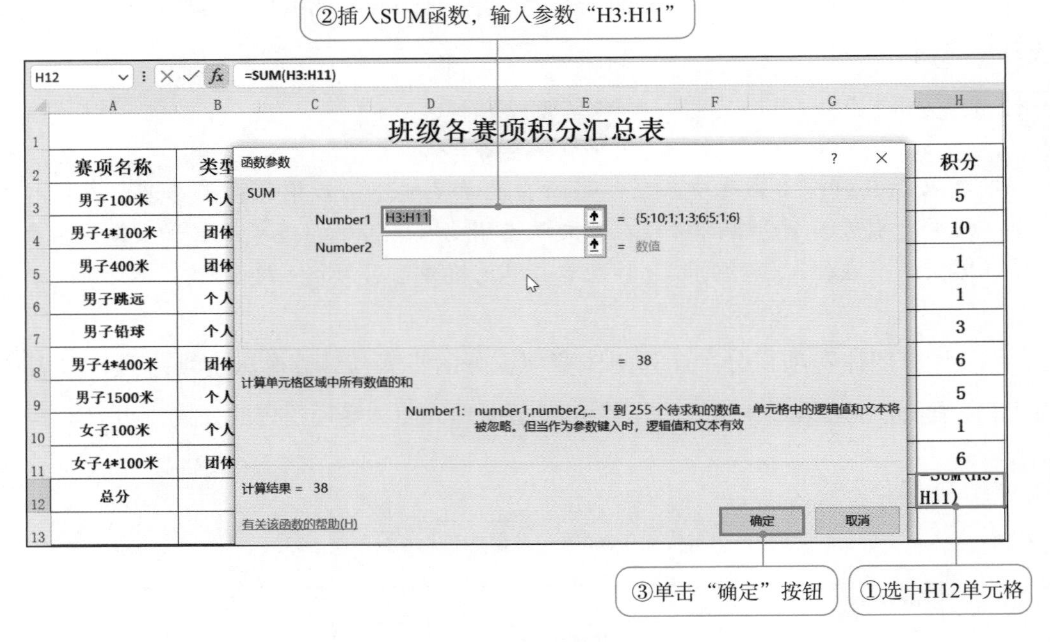

图 4-2-11 计算班级各赛项积分

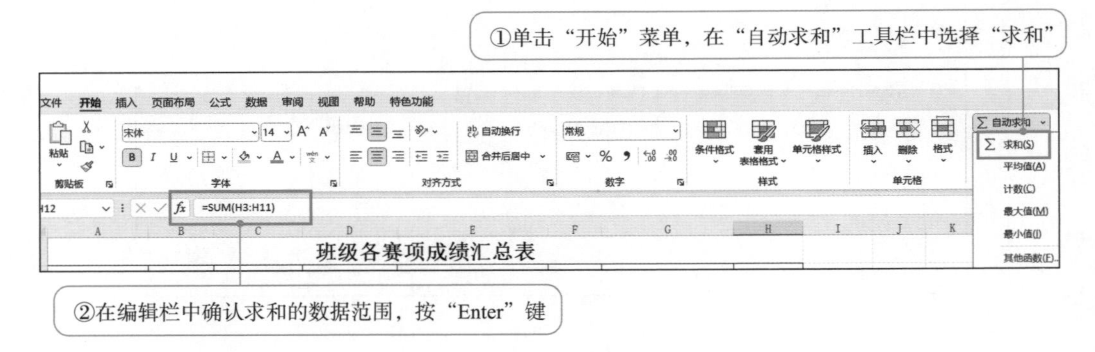

图 4-2-12 自动求和

4. 使用 RANK 函数计算班级排名

（1）设置函数。根据 RANK 函数的语法结构，本任务中计算班级排名的公式为 RANK(D3,D$3:D$10,0)。此公式的含义是计算单元格 D3 在 D3:D10 区域的降序名次。

（2）计算班级排名。首先插入并设置 RANK 函数，然后修改 Ref 参数值为绝对引用。

1）插入并设置 RANK 函数。打开“班级积分排名表（高技组）”，插入 RANK 函数，按语法结构输入参数。操作步骤如图 4-2-13 所示。

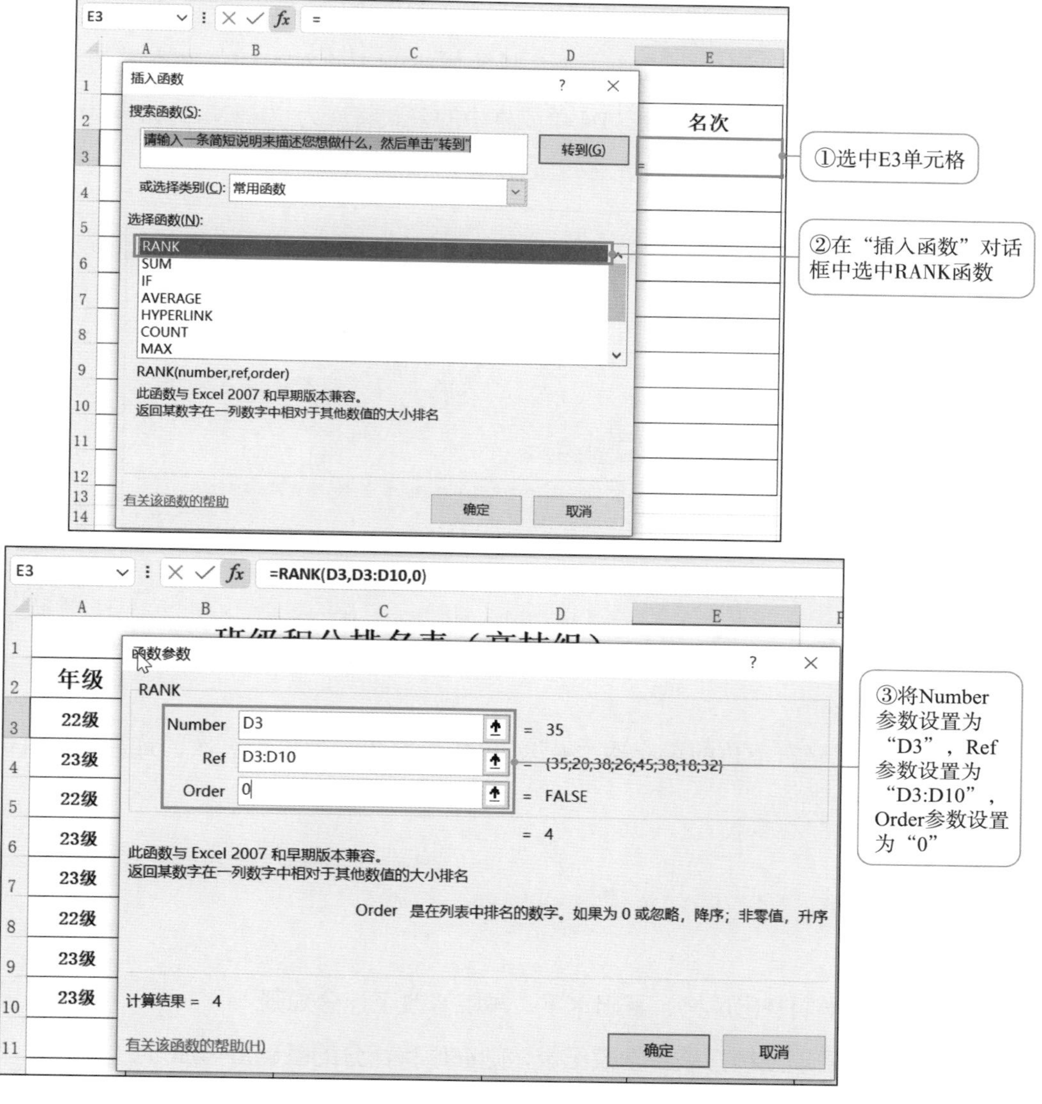

图 4-2-13　插入 RANK 函数并设置参数

操作提示

RANK 函数不是常用函数，如在“插入函数”对话框中找不到，可以通过在“搜索函数”文本框中输入函数名称来查找。

RANK 函数的基本语法形式为“RANK(Number, Ref, [Order])”。其中，Number 为必填项，指需要排名的数值或单元格名称；Ref 为必填项，指排名的参照数值区域（具体来说，区域是数字列表数组或对数字列表的引用）；Order 为可选项，用于指定排名的顺序，如为“0”或为空则默认为降序排列（即从大到小），如为“1”则按升序排列（即从小到大）。

2）修改 Ref 参数值。在本任务中，为避免把公式复制到“名次”列其他区域（即 D4:D10）时 Ref 参数发生改变，需把 Ref 参数的值修改为绝对引用，修改好的公式为“RANK(D3,D$3:D$10,0)”。如不修改，D4 单元格中的公式将变为“RANK(D4,D4:D11,0)”，此时 Ref 参数不符合任务要求。操作步骤如图 4-2-14 所示。

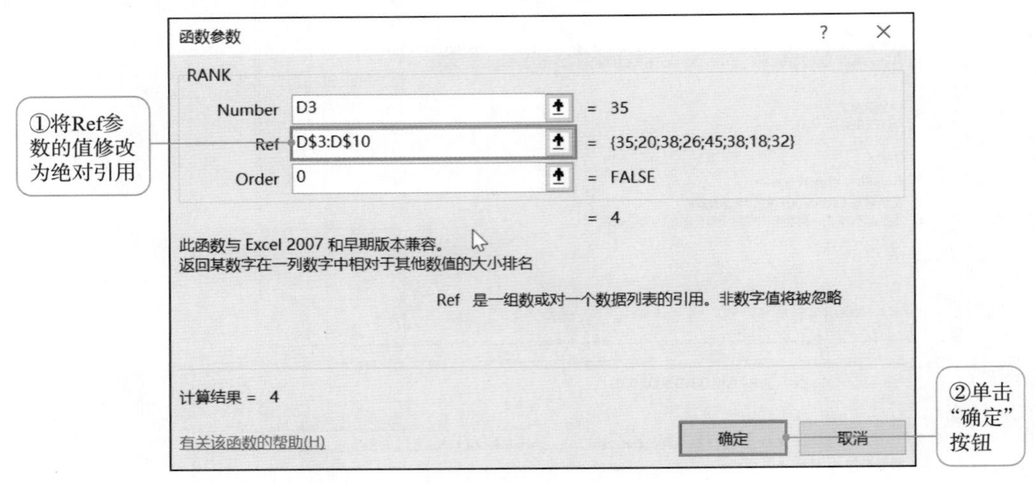

图 4-2-14　修改 Ref 参数值

双击 E3 单元格右下角的填充柄“+”，可快速完成其他班级名次的计算，也可以拖动填充柄来完成计算。

巩固提高

为了鼓励同学们赛出风格、赛出水平，学院修改了计分规则：

（1）如果某赛项成绩打破了学校纪录，则在原有计分的基础上再加 5 分；

（2）各赛项前 5 名均予以计分，分值分别为 5 分、4 分、3 分、2 分、1 分。

请同学们根据新的计分规则，利用所学知识，重新计算各赛项积分。

任务 2　使用排序和筛选

任务描述

在任务 1 中，王天航已经完成了“个人赛项积分汇总表”“团体赛项积分汇总表”“班级各赛项积分汇总表”“班级积分排名表（高技组）”的统计工作。接下来，他将按照运动会组委会的要求，对各类表格数据进行排序和筛选，以便更直观地展示不同类型的分析结果。具体来说，他需要对“班级积分排名表（高技组）”按总积分进行排序，对“团体赛项积分汇总表”按系部进行筛选。排序后的“班级积分排名表（高技组）”及筛选后的“团体赛项积分汇总表”如图 4-2-15 所示。

班级积分排名表（高技组）

年级	系部	班级	总积分	名次
23级	机电工程	23高级电子电工（1）	45	1
22级	机械工程	22高级数控（2）	38	2
22级	机电工程	22高级电子电工（1）	38	2
22级	信息技术	22高级计算机网络（2）	35	4
23级	财经商贸	23高级电子商务（2）	32	5
23级	机械工程	23高级数控（1）	26	6
23级	信息技术	23高级计算机网络（1）	20	7
23级	机电工程	23高级物联网	18	8

团体赛项积分汇总表

赛项名称	类型	组别	所在系部	所在班级	名次	成绩（秒）	积分
男子4*100米	团体	高技组	机械工程	22高级数控（2）	1	48.75	10
男子4*100米	团体	中技组	机械工程	21数控（1）	1	50.12	10
女子4*100米	团体	高技组	机械工程	21高级数控（2）	2	54.09	6

图 4-2-15　排序及筛选后的数据表

知识储备

排序是常见的数据处理方法，可以使表格数据按某种规则重新排列，从而便于浏览、查找和分析。筛选也是一种常见的数据分析方法，当表格中数据行较多时，可以利用筛选快速定位到所需数据。

一、排序

排序可分为单条件排序、多条件排序和自定义排序。

1. 单条件排序

单条件排序是指以一列单元格（也称关键字）的数据为依据，对工作表中的所有数据进行排序。如在班级成绩表中姓名按汉语拼音首字母升序排列，总成绩按降序排列等。

2. 多条件排序

当按单条件排序后出现并列结果时，就需要添加若干次要条件（也称次要关键字），以增加排序条件，形成多条件排序。如在班级成绩表中先按总成绩进行排名；当总成绩相同时，再按某一科目成绩进行排名；当某一科目成绩也相同时，再按另一科目成绩进行排名。

3. 自定义排序

自定义排序是指用户可以按自己所设置的单个或多个条件对数据进行排序。如可以按学校确定的系部顺序，对“团体赛项积分汇总表”进行排序。

二、筛选

筛选是指搜索、查找某些符合条件的数据。筛选的特点是只显示符合条件的数据，暂时隐藏不符合条件的数据记录。筛选分为自动筛选、自定义筛选和高级筛选。

1. 自动筛选

自动筛选即根据用户设定的筛选条件，自动将表格中符合条件的数据显示出来，表格中的其他数据将被隐藏。自动筛选每次只能设定一个筛选条件，如在“团体赛项积分汇总表”中只显示机械工程系的成绩和积分。

2. 自定义筛选

当通过一个筛选条件无法获取所需要的结果时，可以使用自定义筛选功能，通过设定多个筛选条件，准确获取所需要的结果。自定义筛选是在自动筛选的基础上进行的，即先对数据进行自动筛选，再按用户的需要增加筛选条件。例如，在“团体赛项积分汇总表”中，在只显示机械工程系成绩和积分的基础上，查看积分在 10 分以上的班级比赛情况，其自定义筛选设置如图 4-2-16 所示。

3. 高级筛选

高级筛选是指通过设置复杂条件对数据进行筛选。其关键在于准确、合理地利用关系运算设置条件区域，以实现复杂的筛选需求。

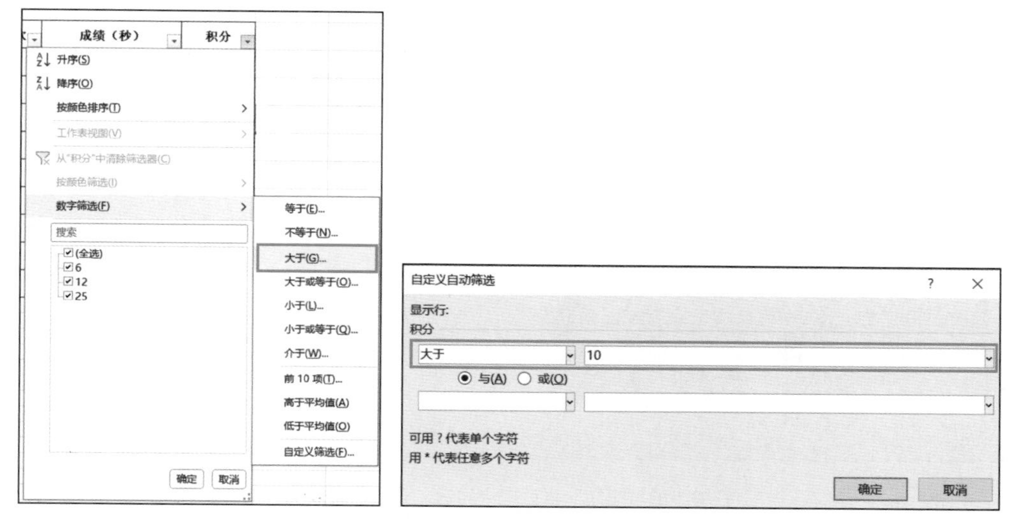

图 4-2-16　自定义筛选设置

任务分析

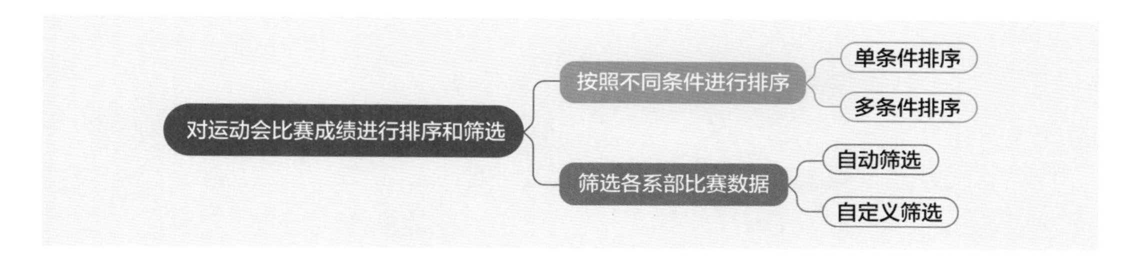

任务实践

在上一任务中，王天航已经完成了各赛项积分的计算工作，同时按班级分别统计汇总了班级总分，并根据班级总分确定了每个班级在相应组别中的名次。在本任务中，他将继续按照组委会的要求，对班级积分表进行排序（以高技组为例），并对各赛项积分表进行筛选（以团体赛项为例）。

1. 按照不同条件进行排序

（1）单条件排序。运动会的计分规则规定，参赛班级分为高技组和中技组两个组别，分别按照班级总积分进行班级排名，每组取前 8 名。在“班级积分排名表（高技组）”中，利用单条件排序，按“总积分”对表格数据排序，操作步骤如图 4-2-17 所示。

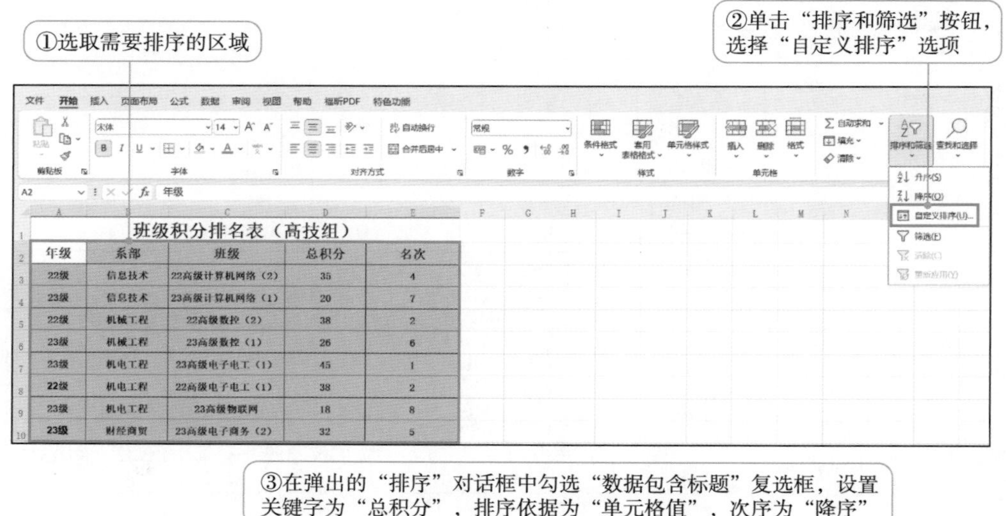

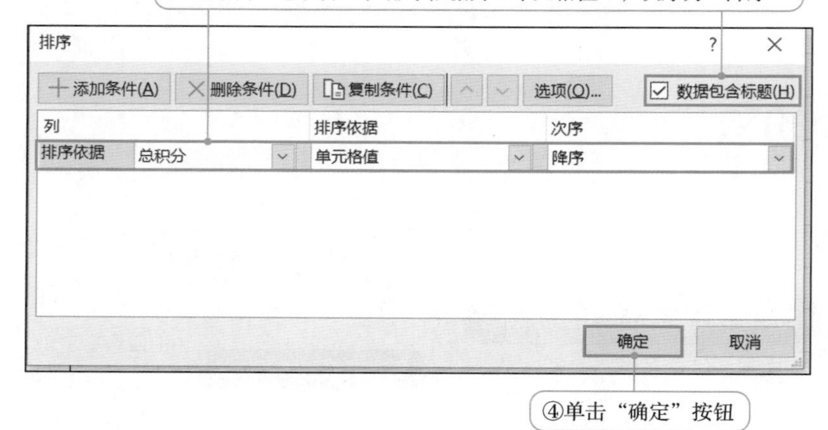

图 4-2-17　按“总积分”进行班级排名

操作提示

如果排序的区域周围都是空白单元格，也可以将光标定位在排序列的某个单元格中，然后单击“升序”或“降序”按钮。

（2）多条件排序。为了解学院每个系部的得分情况，需要在了解整体排名的基础上，对同系部的各个班级进行排名。在“班级积分排名表（高技组）”中，通过设置多条件排序，可计算同系部各班的排名，操作步骤如图 4-2-18 所示。

实用技巧

从排序的结果可以看出，在多条件排序中，首先按主关键字对数据进行排序（本任务按系部名称的汉语拼音首字母进行排序），在主关键字一样的情况下，再分别按第一、第二次要关键字进行排序（本任务依次按总积分和班级名称进行排序）。

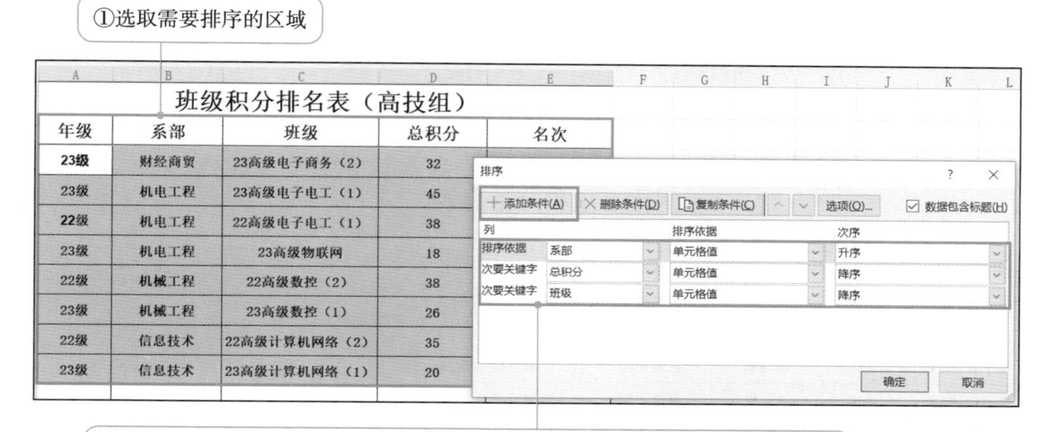

图 4-2-18　计算同系部各班的排名

2. 筛选各系部比赛数据

为了解各系部在团体项目比赛中的情况，需要按条件对团体比赛的数据进行筛选。

（1）自动筛选。在“团体赛项积分汇总表”中，利用自动筛选功能，筛选出“机械工程”系的比赛数据，操作步骤如图 4-2-19 所示。

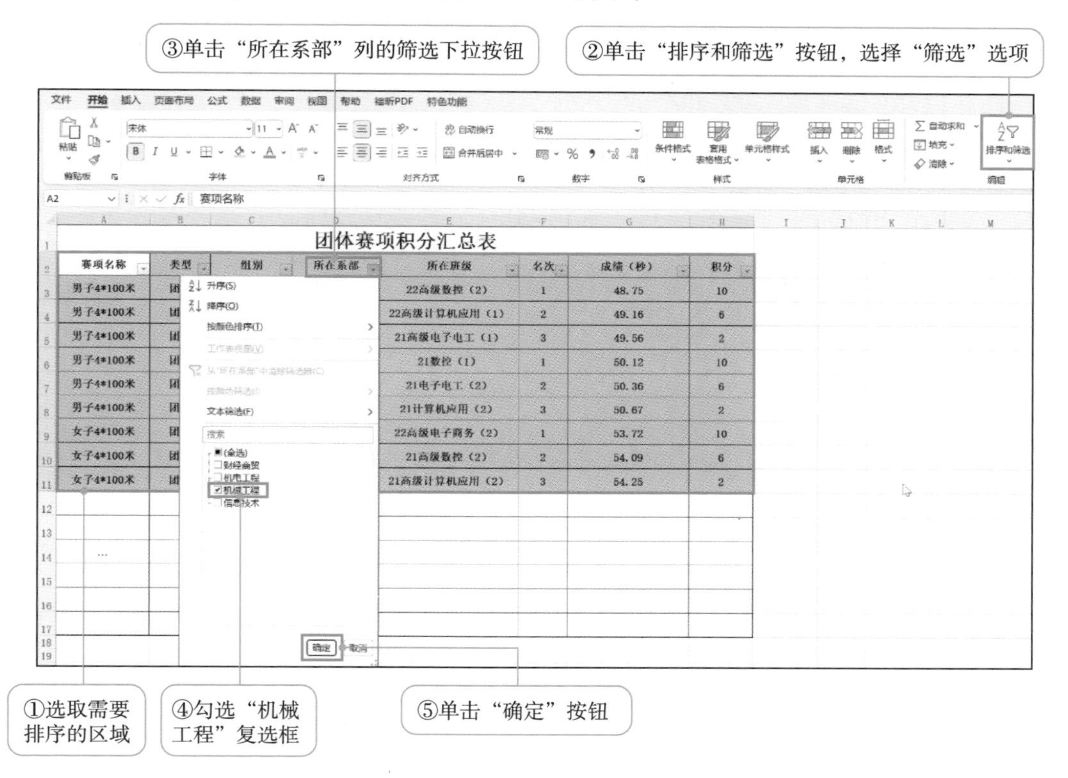

图 4-2-19　自动筛选“机械工程”系的比赛数据

（2）自定义筛选。利用自定义筛选，在“团体赛项积分汇总表”中，查看成绩在 50 ~ 55 秒的比赛数据，操作步骤如图 4-2-20 所示。

①单击“成绩（秒）”列的筛选下拉按钮

团体赛项积分汇总表

赛项名称	类型	组别	所在系部	所在班级	名次	成绩（秒）	积分
男子4*100米	团体	高技组	机械工程	22高级数控（2）			10
男子4*100米	团体	高技组	信息技术	22高级计算机应用（			6
男子4*100米	团体	高技组	机电工程	21高级电子电工（1			2
男子4*100米	团体	中技组	机械工程	21数控（1）			10
男子4*100米	团体	中技组	机电工程	21电子电工（2）			6
男子4*100米	团体	中技组	信息技术	21计算机应用（2			
女子4*100米	团体	高技组	财经商贸	22高级电子商务（2			
女子4*100米	团体	高技组	机械工程	21高级数控（2）			
女子4*100米	团体	高技组	信息技术	21高级计算机应用（			
…							

升序(S)
降序(O)
按颜色排序(T)
工作表视图(V)
从“成绩（秒）”中清除筛选器(C)
按颜色筛选(I)
数字筛选(F)
搜索
(全选)
48.75
49.16
49.56
50.12
50.36
50.67
53.72
54.09
54.25
确定　取消

等于(E)...
不等于(N)...
大于(G)...
大于或等于(O)...
小于(L)...
小于或等于(Q)...
介于(W)...
前 10 项(T)...
高于平均值(A)
低于平均值(O)
自定义筛选(F)...

②选择“数字筛选/大于或等于”选项

自定义自动筛选
显示行:
成绩（秒）
大于或等于　50
与(A)　或(O)
小于或等于　55
可用 ? 代表单个字符
用 * 代表任意多个字符
确定　取消

④单击“确定”按钮

③在“自定义自动筛选”对话框中设置成绩“大于或等于50”与“小于或等于55”

图 4-2-20　自定义筛选成绩在 50 ~ 55 秒的比赛数据

操作提示

如在筛选后执行打印功能，那么只会打印出筛选后的结果，并不会打印被隐藏的数据。

如要取消自动筛选，只需要单击“排序和筛选 / 筛选”按钮即可。

自动筛选能满足简单的筛选要求，如要进行复杂筛选，则需要用到高级筛选。

巩固提高

体育老师为了对各赛项成绩进行横向对比，请王天航在“团体赛项积分汇总表”中进一步筛选出“成绩小于 50 秒”或“成绩大于 55 秒”的比赛数据。请同学们利用所学知识，帮助他完成这项任务。

提示：使用高级筛选。

任务 3 使用分类汇总

任务描述

在前两个任务的基础上，为了帮助老师和同学们更直观地了解和分析比赛数据，王天航需要按系部对“班级积分排名表（高技组）”进行分类和汇总。分类汇总后的数据表如图 4-2-21 所示。

班级积分排名表（高技组）

年级	系部	班级	总积分	名次
22级	信息技术	22高级计算机网络（2）	35	7
23级	信息技术	23高级计算机网络（1）	20	10
	信息技术 汇总		55	
22级	机械工程	22高级数控（2）	38	5
23级	机械工程	23高级数控（1）	26	9
	机械工程 汇总		64	
23级	机电工程	23高级电子电工（1）	45	4
22级	机电工程	22高级电子电工（1）	38	5
23级	机电工程	23高级物联网	18	11
	机电工程 汇总		101	
23级	财经商贸	23高级电子商务（2）	32	8
	财经商贸 汇总		32	
	总计		252	

班级积分排名表（高技组）

年级	系部	班级	总积分	名次
	信息技术 汇总		55	
	机械工程 汇总		64	
	机电工程 汇总		101	
	财经商贸 汇总		32	
	总计		252	

图 4-2-21 分类汇总后的数据表

知识储备

分类汇总是指对表格中的数据进行分类，并在分类的基础上进行汇总统计。在进行分类汇总之前，需要根据分类依据对数据进行排序，即分类汇总是在有序的数据基础上实现的。

根据操作的复杂程度，分类汇总主要分为简单分类汇总和多重分类汇总两种类型。此处主要讲解简单分类汇总。

简单分类汇总是指按照表格中的某一个字段，对表格中的数据项进行求和、计数等简单的分类汇总。

简单分类汇总的主要步骤如下：首先对作为分类依据的字段进行单条件排序；然后选择数据区域，在“分类汇总”对话框中选择分类字段、汇总方式及汇总项，如图 4-2-22 所示。

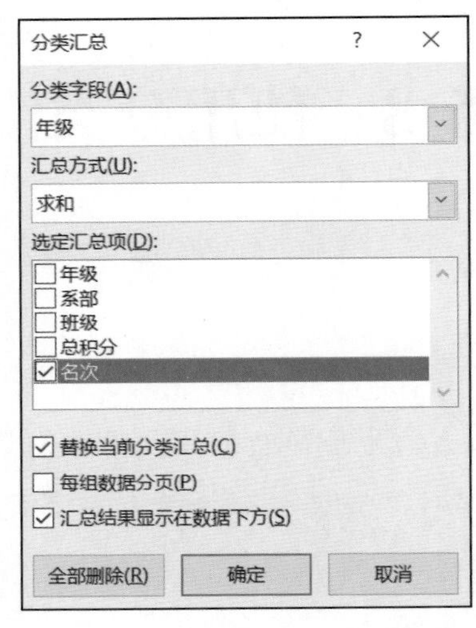

图 4-2-22　“分类汇总”对话框

汇总方式通常有求和、计数、求平均值、求最大值、求最小值等。

任务分析

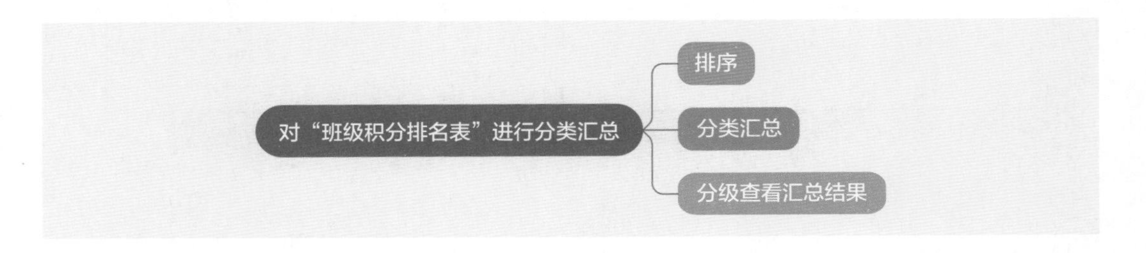

任务实践

在本任务中，王天航将在前两个任务的基础上，对高技组的班级积分排名表分系部按不同层次进行求和分类汇总，以便老师和同学们更直观地查看和分析比赛数据。

1. 排序

打开“班级积分排名表（高技组）”表格，按“系部”对表格数据进行排序，操作步骤如图 4–2–23 所示。

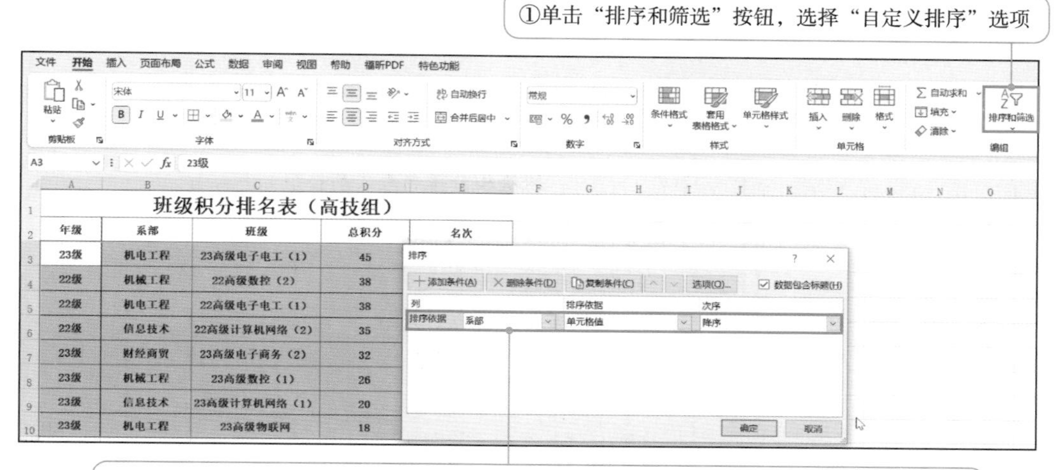

图 4-2-23　按“系部”对表格数据进行排序

2. 分类汇总

通过分类汇总统计各系部总积分，操作步骤如图 4–2–24 所示。

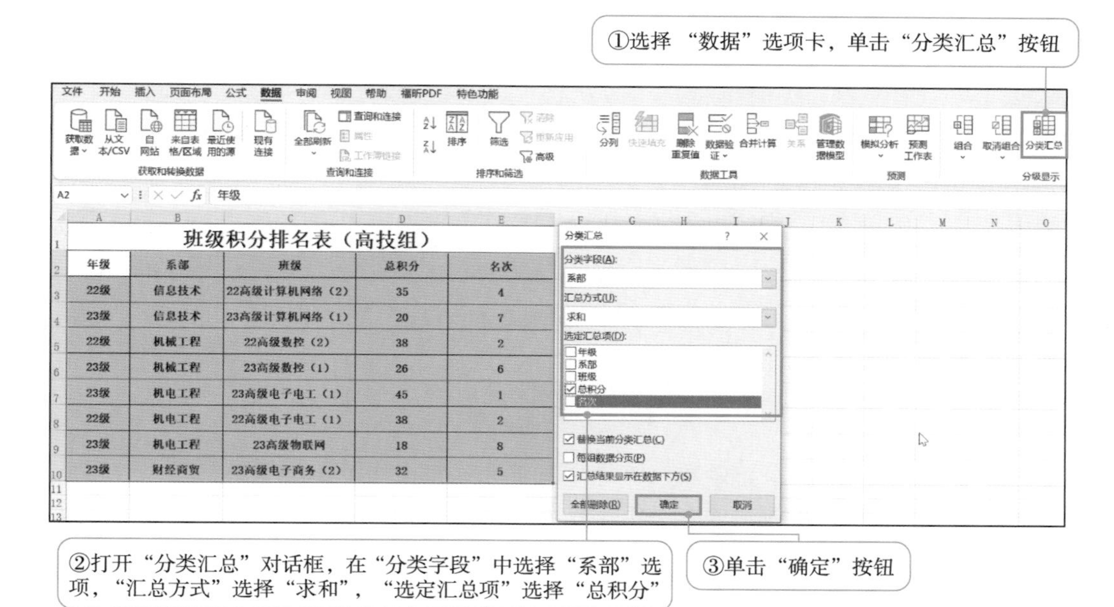

图 4-2-24　通过分类汇总统计各系部总积分

3. 分级查看汇总结果

对数据进行分类汇总后，Excel 会自动按汇总时的分类对数据进行分级显示，并在数据的行号左侧出现分级显示按钮，单击这些分级显示按钮则显示汇总结果，如图 4-2-25 所示。

在“班级积分排名表（高技组）”中，单击分级显示按钮“1”，只显示总积分；单击分级显示按钮“2”，显示各系部汇总积分，隐藏各班级明细，如图 4-2-26 所示；单击分级显示按钮“3”，则显示全部明细。

分级显示按钮

班级积分排名表（高技组）

年级	系部	班级	总积分	名次
22级	信息技术	22高级计算机网络（2）	35	7
23级	信息技术	23高级计算机网络（1）	20	10
	信息技术 汇总		55	
22级	机械工程	22高级数控（2）	38	5
23级	机械工程	23高级数控（1）	26	9
	机械工程 汇总		64	
23级	机电工程	23高级电子电工（1）	45	4
22级	机电工程	22高级电子电工（1）	38	5
23级	机电工程	23高级物联网	18	11
	机电工程 汇总		101	
23级	财经商贸	23高级电子商务（2）	32	8
	财经商贸 汇总		32	
	总计		252	

图 4-2-25　分级显示数据

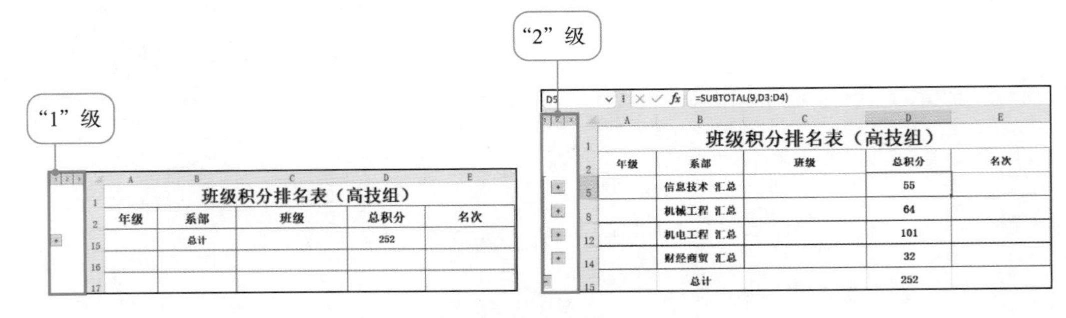

班级积分排名表（高技组）

年级	系部	班级	总积分	名次
	总计		252	

班级积分排名表（高技组）

年级	系部	班级	总积分	名次
	信息技术 汇总		55	
	机械工程 汇总		64	
	机电工程 汇总		101	
	财经商贸 汇总		32	
	总计		252	

图 4-2-26　分级查看汇总结果

操作提示

在进行分类汇总之前，必须先依据分类字段对相应数据表进行排序。

如果要删除表格中当前的分类汇总设置，只需要在“分类汇总”对话框中单击“全部删除”按钮即可。

巩固提高

在图 4-2-26 右图中，单元格 D5 显示的值是 55，公式为“=SUBTOTAL(9, D3:D4)”。请同学们查阅资料，了解并掌握 SUBTOTAL 函数的含义及各参数的语法结构。

拓展与探究

Excel 公式审核

在使用公式的过程中，有时可能会因为人为疏忽，造成表达式设置错误，导致计算结果发生错误。为此，Excel 提供了公式审核功能，通过检查公式与单元格之间的关系，可以帮助用户找到出错的原因并修正公式中的错误。

1. “公式审核”工具栏

使用“公式审核”工具栏可以非常方便地对单元格中的公式进行错误检查，如图 4-2-27 所示，各工具的具体功能见表 4-2-2。

追踪引用单元格　显示公式
追踪从属单元格　错误检查
删除箭头　公式求值
公式审核

图 4-2-27 “公式审核”工具栏

表 4-2-2　公式审核工具功能

工具图标	功能
追踪引用单元格	追踪当前单元格的引用单元格，并在工作表中显示引用箭头
追踪从属单元格	追踪当前单元格的从属单元格
删除箭头	删除引用箭头（下拉列表中包括“删除引用单元格追踪箭头”和“删除从属单元格追踪箭头”选项）
显示公式	在单元格内显示单元格所含公式或函数
错误检查	检查工作表中是否有错误引用，如出现错误，还可对错误进行追踪
公式求值	打开“公式求值”对话框

2. 公式审核的使用

（1）检查错误。选中含有公式或函数的单元格，单击“错误检查”按钮，如有错误，则会弹出“错误检查”对话框，在对话框中可以显示对此错误的帮助、显示公式的计算步骤等，还可以检查下一个错误，直到完成对整个工作表的检查，如图 4-2-28 所示。如没有错误，则出现无错误提示。

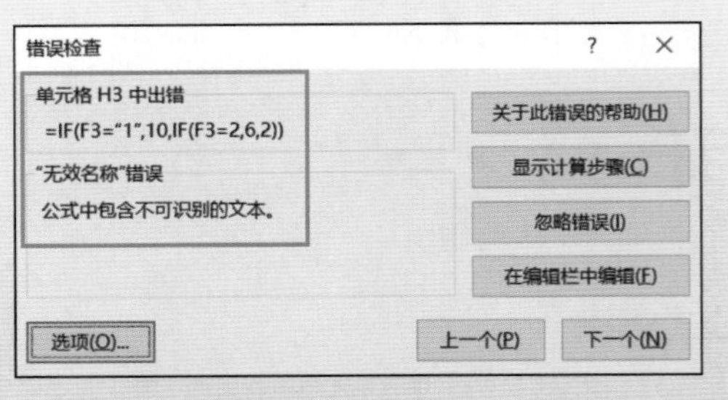

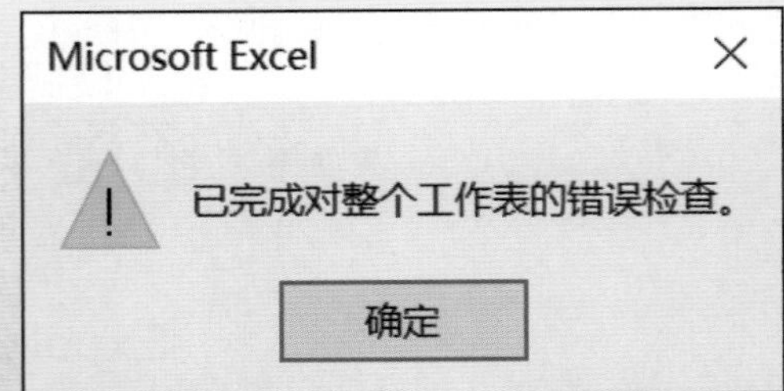

图 4-2-28 检查错误

（2）追踪错误并进行修改。根据显示的错误代码及“错误检查”对话框的提示，单击“追踪引用单元格”按钮，追踪出错单元格所引用的单元格并进行修改，如图 4-2-29 所示。

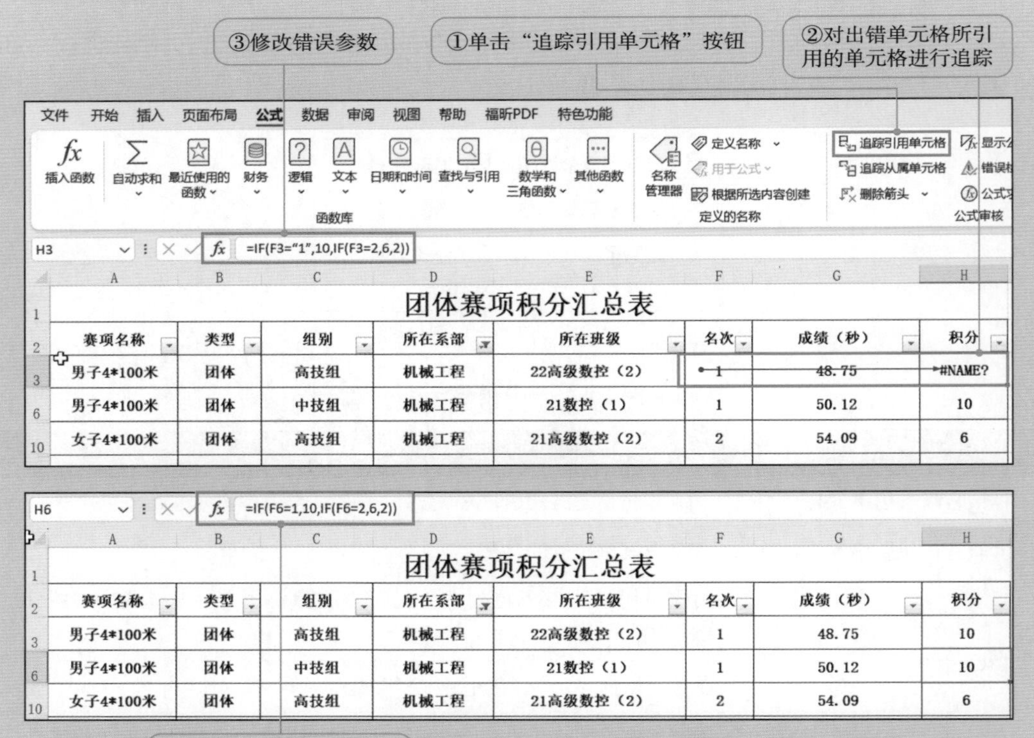

图 4-2-29 追踪错误并进行修改

3. 常见公式错误值

公式出错后，会返回错误值，不同的错误值有不同的出错原因。了解常见的错误值及出错原因，可以帮助我们快速检查并修改错误。常见的错误值及出错原因见表 4-2-3。

表 4-2-3　常见的错误值及出错原因

错误值	出错原因
####	输入单元格中的数值或公式计算结果太长，单元格容纳不下。增加单元格宽度可以解决这个问题。另外，日期运算结果为负值也会出现这种情况，此时可以改变单元格的格式，比如改为文本格式
#DIV/0!	除数引用了零值单元格或空单元格
#N/A	公式中没有可用数值，或缺少函数参数
#NAME?	公式中引用了无法识别的名称，或删除了公式正在使用的名称。例如，函数的名称拼写错误，使用了没有被定义的区域或单元格名称，引用文本时没有加引号等
#NULL!	使用了不正确的区域运算符或引用的区域的交集为空。例如，输入公式“=A1:B4 C1:D4”，因为这两个区域交集为空，所以按“Enter”键后返回值为“#NULL!”
#NUM!	公式产生的结果数字太大或太小，Excel 无法表示出来。例如，输入公式“=10^309”，由于运算结果太大，公式返回错误。或者在需要数字参数的函数中使用了无法接受的参数。例如，在输入开平方的公式时，引用了负值的单元格或直接使用了负值
#RFF	公式引用的单元格被删除，并且系统无法自动调整，或链接的数据不可用
#VALUE	当公式需要数字或逻辑值时，却输入了文本；或者为需要单个值（而不是区域）的运算符（或函数）提供了区域引用；或者输入数组公式后，没有按“Ctrl+Shift+Enter”组合键确认

4.3 分析数据

数据蕴含着丰富的信息，如何分析这些数据，并有效地利用它们，就显得尤为重要。数据分析能够帮助我们挖掘数据背后的规律，揭示事物之间的内在联系，为解决问题提供科学的依据。分析数据的方式有许多种，其中数据可视化和数据透视表在数据分析中起着关键作用。数据可视化能将抽象的数据以图表、图形等直观的形式加以展示，帮助我们更快速地捕捉数据中的关键信息。数据透视表则是一种强大的数据分析工具，它能够对大量数据进行分类、汇总和筛选，帮助我们快速、准确地理解和分析这些数据。例如，我们可以通过销售数据分析市场趋势，或者通过学生成绩数据分析学习状况等。

学习目标

1. 能根据需求对数据进行简单分析。
2. 会应用可视化工具分析数据并制作简单数据图表。

任务1　数据可视化

任务描述

在4.1的任务中，张昊采集了近几年我国新能源汽车的销售数据，并制作了数据表。在这个过程中，他了解到新能源汽车行业正在迅猛发展。为了进一步了解新能源汽车的市场销售情况，他在S汽车公司的官方网站上获取了该公司2023年1—12月新能源汽车的销售数据。接下来，张昊计划对该数据进行分析，从而进一步了解S汽车公司新能源汽车的销售情况及销售趋势。

知识储备

通过将复杂的数据转化为直观、易懂的图形，可以将数据背后的信息、趋势和关系直观地展现出来。大多数数据处理软件都提供了丰富的可视化功能，从而可以便捷地实现数据可视化。

一、什么是数据可视化

简单来说，数据可视化就是将数据以图形、图像、动画等形式呈现，使得数据更易于被理解和分析。

数据可视化具有广泛的应用场景。在商业领域，数据可视化可以帮助企业更清晰地了解市场趋势、优化产品布局，从而提升销售业绩；在科学研究中，有助于研究人员发现数据中的潜在规律，从而推动科学的进步；在日常生活中，数据可视化也无处不在，如社交媒体上的数据报告、新闻报道中使用的数据图表等。

二、常见的图表类型

可视化图表的类型多种多样，常见的有柱形图、折线图、饼图、雷达图等，每种图表都有其特点和适用场景。在进行数据可视化时，要根据分析目的和数据特点，选择最合适的图表进行数据展示。

1. 柱形图

柱形图是最常见的图表类型之一。它使用垂直的柱形表示数据（如果是水平的柱形，则是条形图），适合比较不同类别的数据的大小。柱形图示例如图4–3–1所示。

2. 折线图

折线图通过连接数据点形成的线条，来展示数据随时间或其他连续变量的变化，适合展示数据的变化趋势。折线图示例如图4–3–2所示。

3. 饼图

饼图常用于表示数据的比例分布。一个完整的饼图代表全部数据，每个扇形部分代表一个特定的类别，其大小表示该类别在整体中的比例。饼图示例如图 4-3-3 所示。

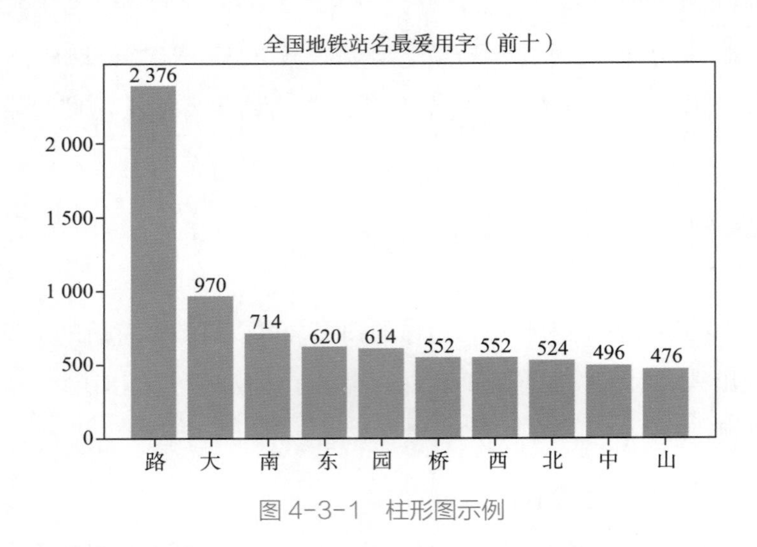

图 4-3-1　柱形图示例

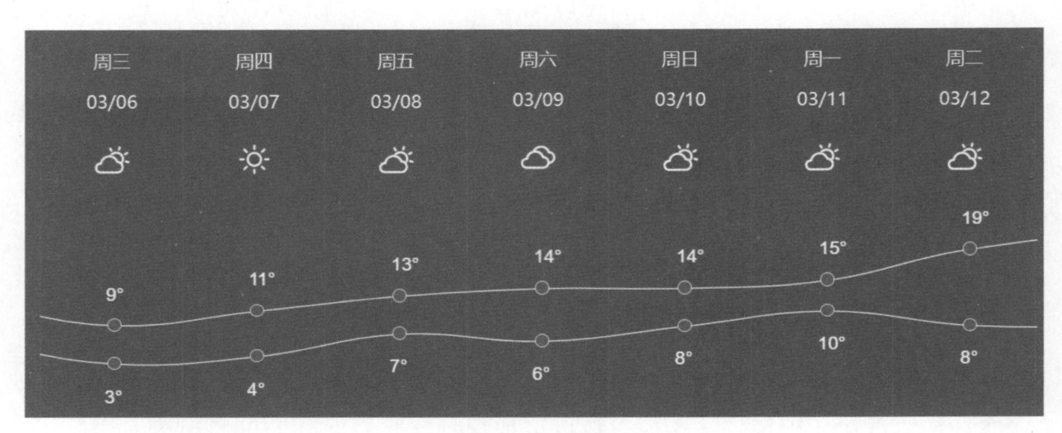

图 4-3-2　折线图示例

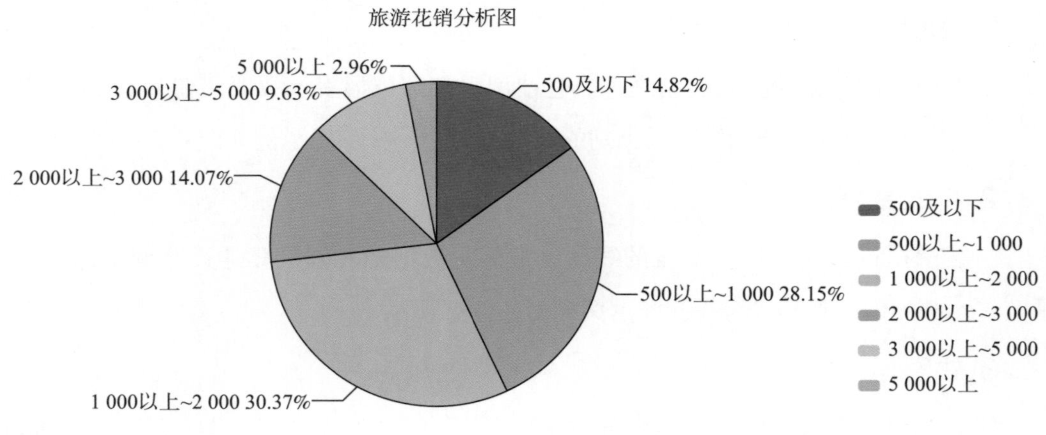

图 4-3-3　饼图示例

4. 雷达图

雷达图用于展示具有多个变量的数据，每个变量都有一个从中心向外辐射的轴，数据点的位置表示该变量的值，这种图形可以很容易地比较多个变量。雷达图示例如图 4-3-4 所示。

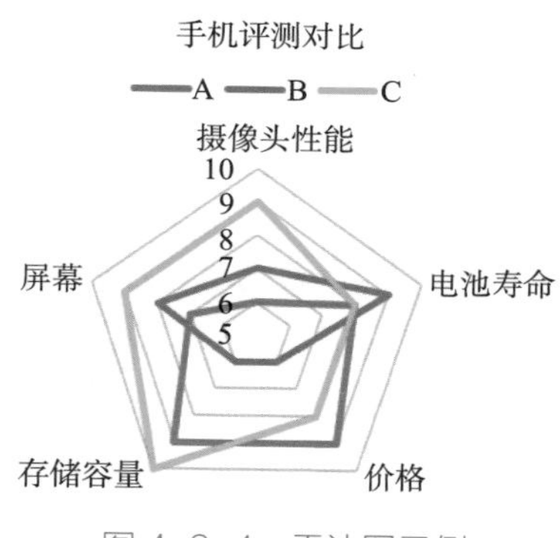

图 4-3-4　雷达图示例

此外，还有一些其他的图表也较常用，如散点图、树状图、词云图等。

任务分析

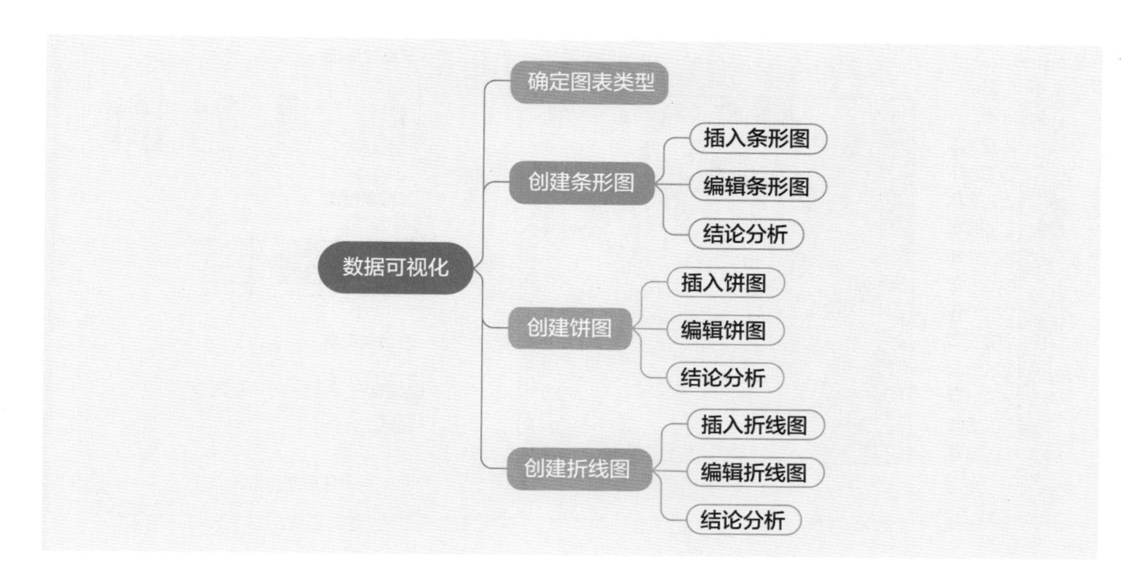

任务实践

在这个任务中，首先要明确数据分析的目的，以选择适合的图表类型，然后使用不同的图表进行具体的数据分析。

1. 确定图表类型

该任务旨在利用可视化图表分析S汽车公司2023年新能源汽车的销售情况及趋势。在分析销售情况时，可以构建柱形图或条形图，以清晰展示销售量的高低。为了展示不同月份销售量的占比情况，可以采用饼图。对于销售趋势的分析，适合使用折线图，以反映销售量的变化趋势。

2. 创建条形图

（1）插入条形图。打开“S公司2023年新能源汽车销售数据.xlsx”（素材库/第四单元/4.3/任务1），选择2023年1—12月S公司新能源汽车销售数据，并插入“簇状条形图”。操作步骤如图4-3-5所示。

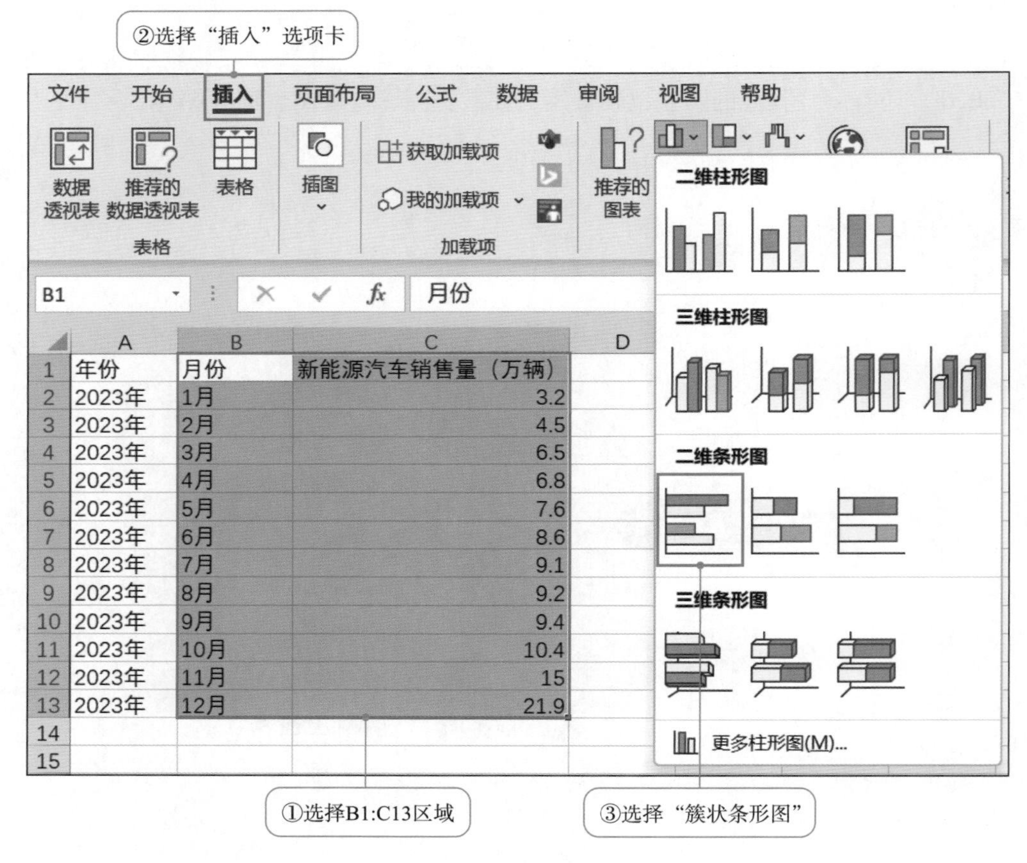

	A	B	C
1	年份	月份	新能源汽车销售量（万辆）
2	2023年	1月	3.2
3	2023年	2月	4.5
4	2023年	3月	6.5
5	2023年	4月	6.8
6	2023年	5月	7.6
7	2023年	6月	8.6
8	2023年	7月	9.1
9	2023年	8月	9.2
10	2023年	9月	9.4
11	2023年	10月	10.4
12	2023年	11月	15
13	2023年	12月	21.9

图4-3-5　插入条形图

（2）编辑条形图。插入条形图后，对其进行适当的编辑。

1）修改图表样式为“样式3”。操作步骤如图4-3-6所示。

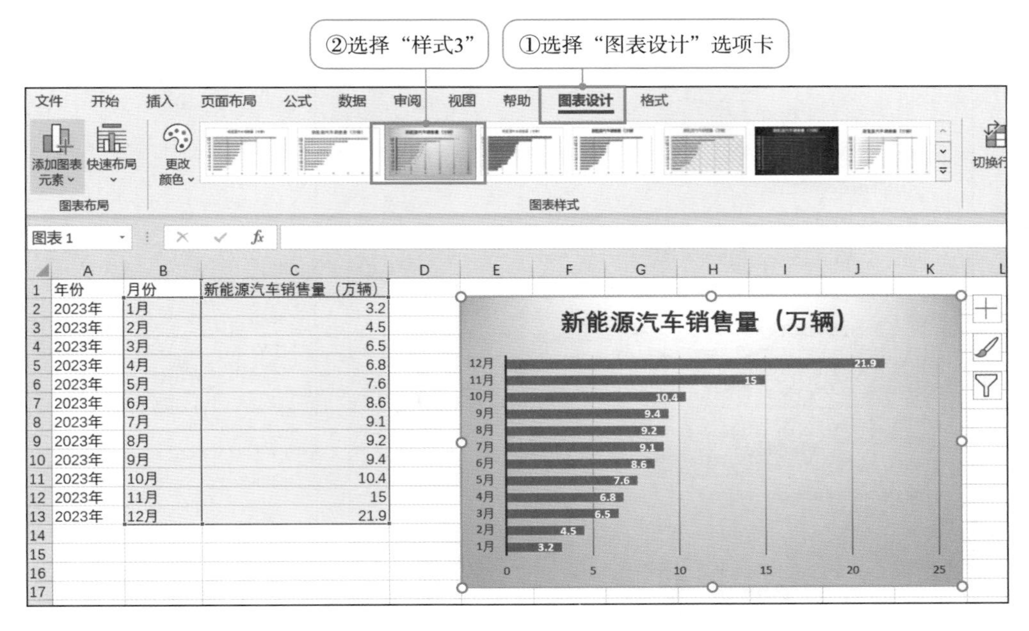

	A	B	C
1	年份	月份	新能源汽车销售量（万辆）
2	2023年	1月	3.2
3	2023年	2月	4.5
4	2023年	3月	6.5
5	2023年	4月	6.8
6	2023年	5月	7.6
7	2023年	6月	8.6
8	2023年	7月	9.1
9	2023年	8月	9.2
10	2023年	9月	9.4
11	2023年	10月	10.4
12	2023年	11月	15
13	2023年	12月	21.9

图 4-3-6　修改图表样式

2）添加横坐标轴标题“销售量（万辆）”。操作步骤如图 4-3-7 所示。

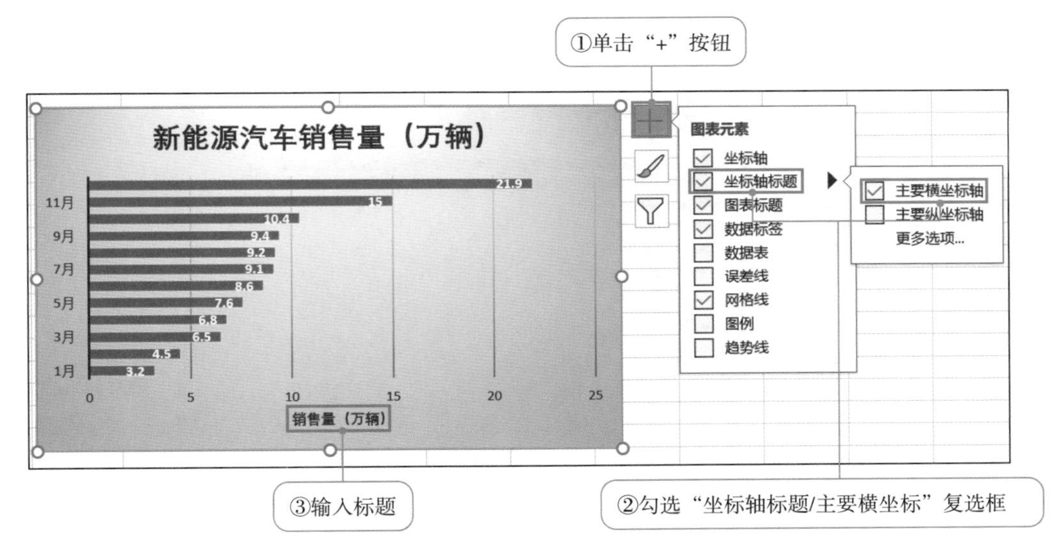

图 4-3-7　添加横坐标轴标题

3）设置纵坐标轴显示 1—12 月。操作步骤如图 4-3-8 所示。

（3）结论分析。经过以上步骤创建的新能源汽车销售量条形图如图 4-3-9 所示，由此图可以直观地查看 S 公司 2023 年 1—12 月新能源汽车销售量。经过分析得出结论：1 月销售量最低，12 月销售量最高，年底的两个月是全年销售的高峰期。

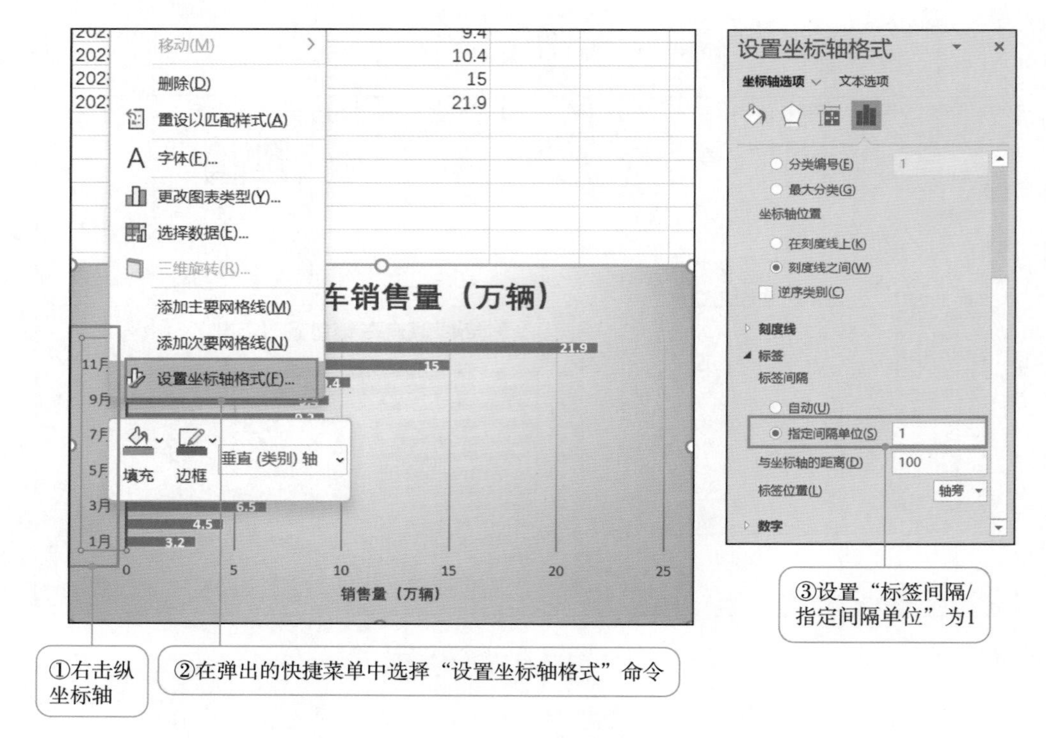

图 4-3-8　设置纵坐标轴格式

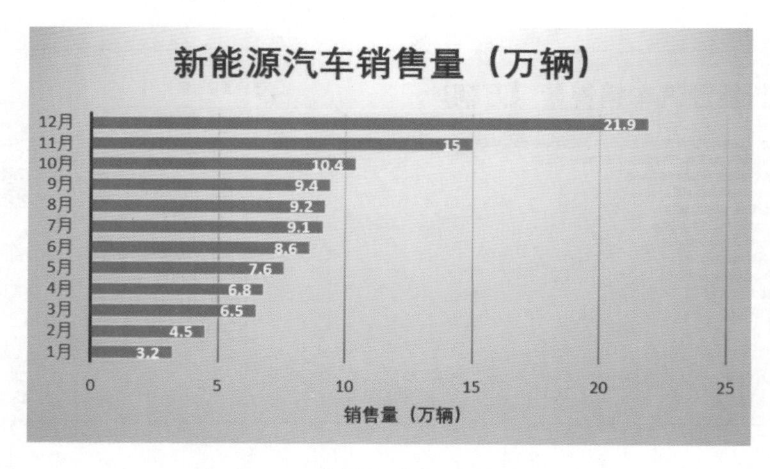

图 4-3-9　新能源汽车销售量条形图

3. 创建饼图

（1）插入饼图。操作步骤如图 4-3-10 所示。

（2）编辑饼图。创建好饼图后，对其进行适当的编辑。

1）修改图例为右侧显示。操作步骤如图 4-3-11 所示。

2）添加数据标签，显示各部分百分比。操作步骤如图 4-3-12 所示。

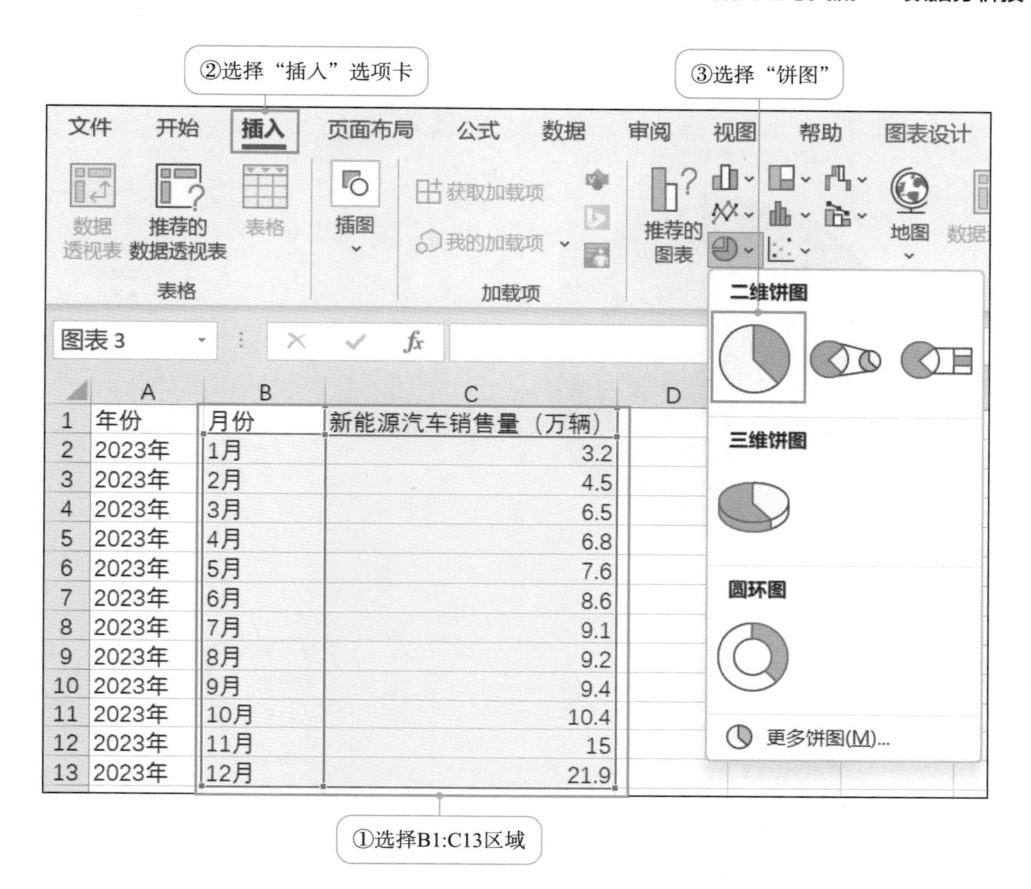

图 4-3-10　插入饼图

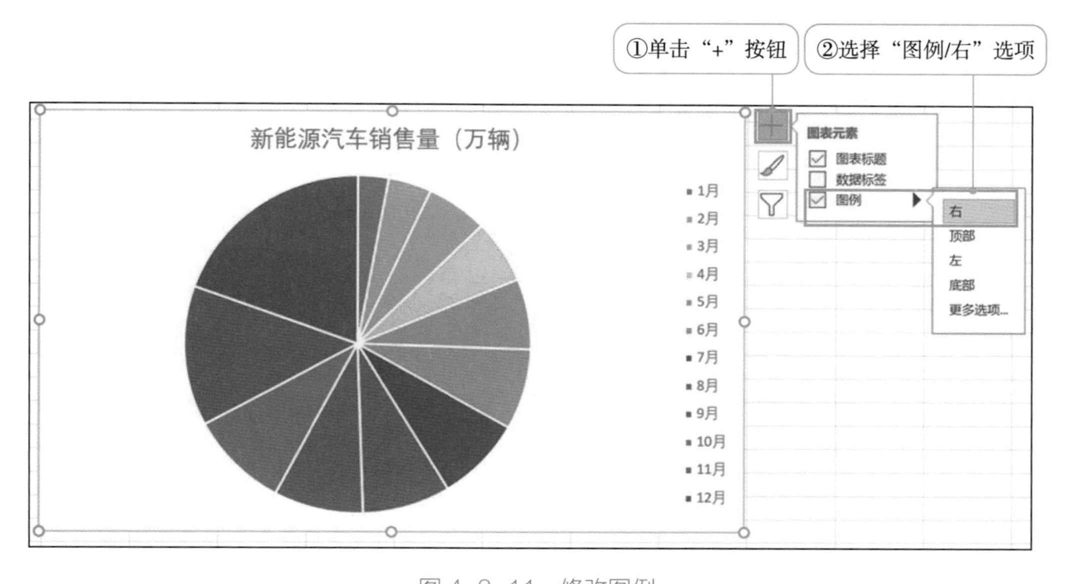

图 4-3-11　修改图例

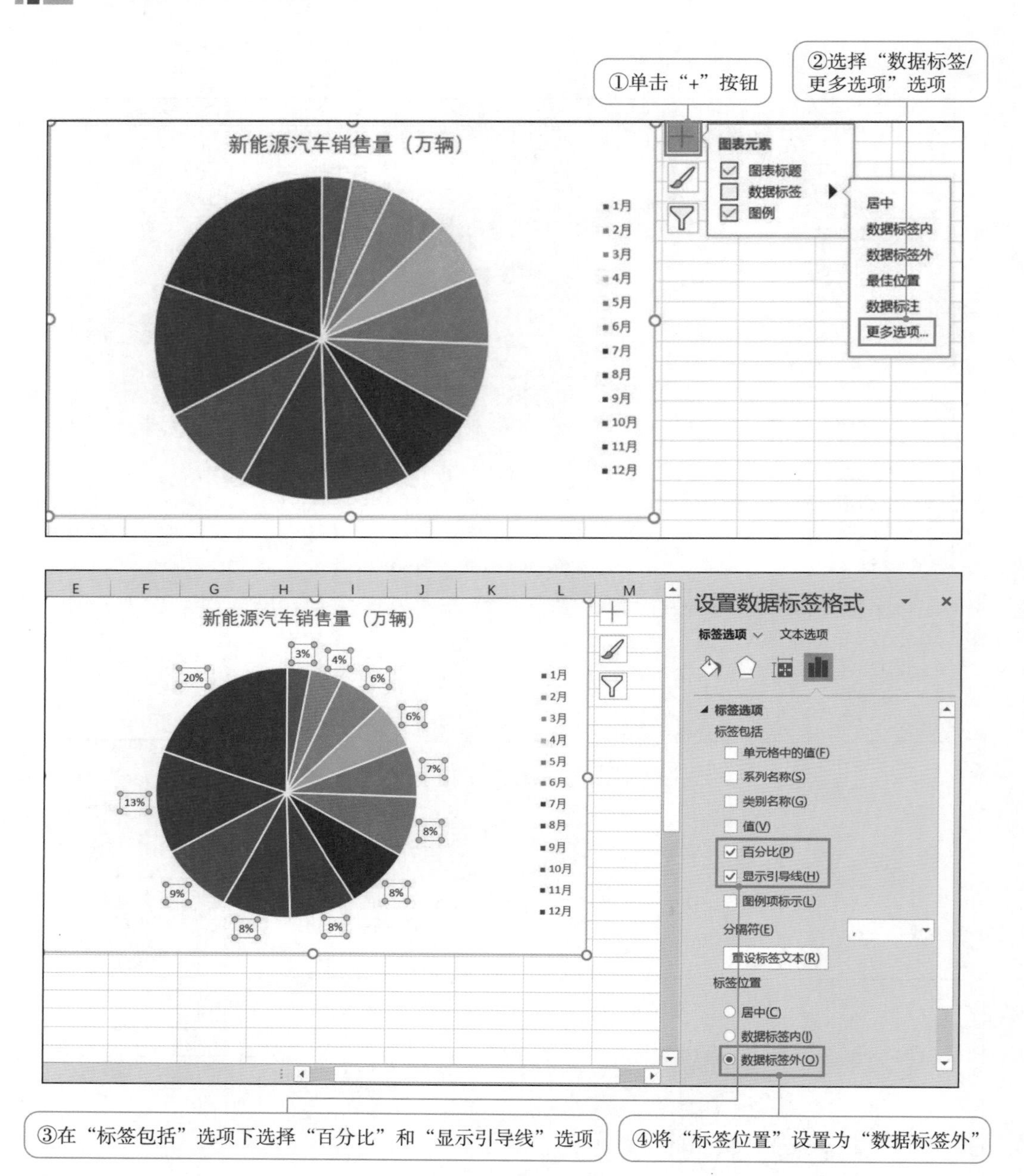

图 4-3-12　添加数据标签

3）设置图表区背景填充为“渐变填充”。右击空白图表区，在弹出的菜单中单击“设置图表区域格式”按钮，设置渐变填充，如图 4-3-13 所示。设置标题文字字号为 18，并加粗。

（3）结论分析。经过以上步骤创建的新能源汽车销售量饼图如图 4-3-14 所示，由此图可以直观地查看 S 公司 2023 年 1—12 月新能源汽车销售量在各月占比的情况。其中，1 月销售量占比最低，只有 3%；12 月销售量占比最高，达到 20%，占全年销售量的 1/5。

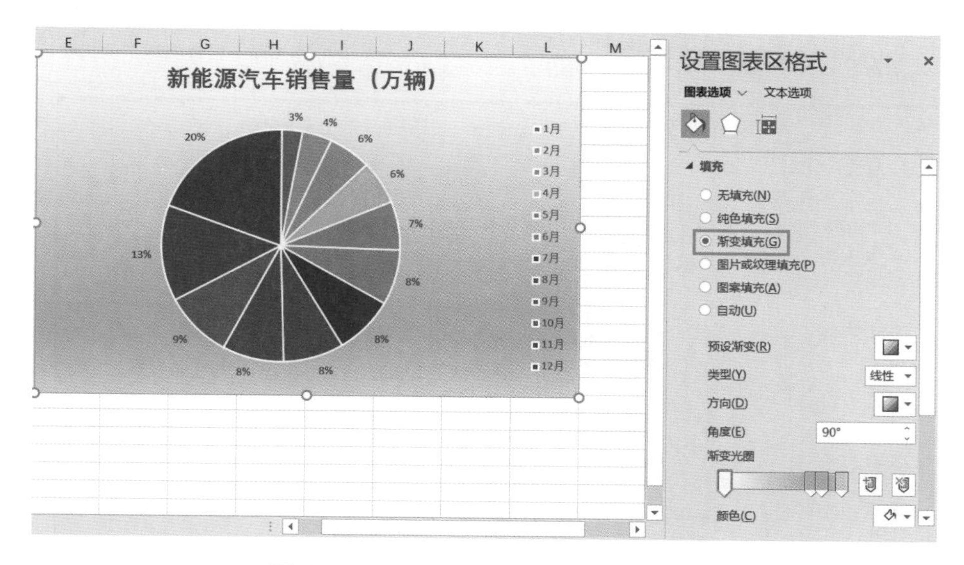

图 4-3-13　设置图表区背景为渐变填充

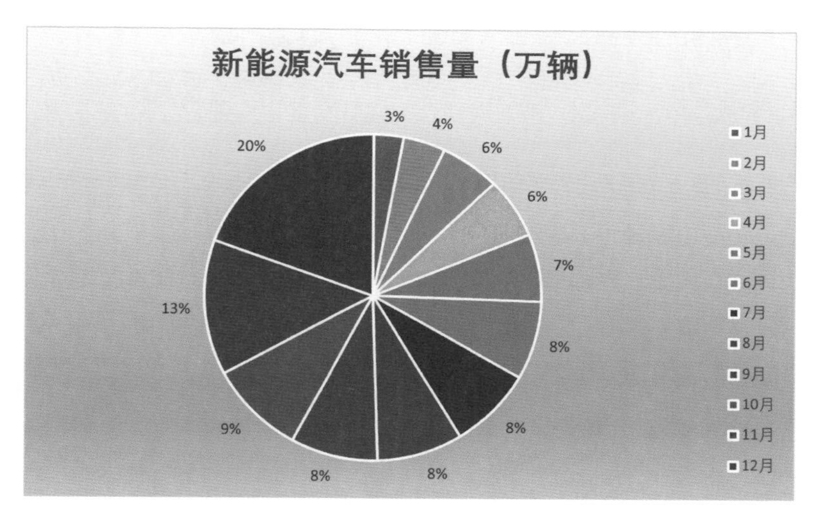

图 4-3-14　新能源汽车销售量饼图

4. 创建折线图

（1）插入折线图。插入“带数据标记的折线图”，操作步骤如图 4-3-15 所示。

（2）编辑折线图。创建好折线图后，对其进行适当的编辑。

1）设置图表区背景填充为“纹理填充”。右击空白图表区，在弹出的菜单中单击“设置图表区域格式”按钮，选择“图片或纹理填充”，设置纹理填充为“羊皮纸”，如图 4-3-16 所示。设置标题文字字号为 18，并加粗。

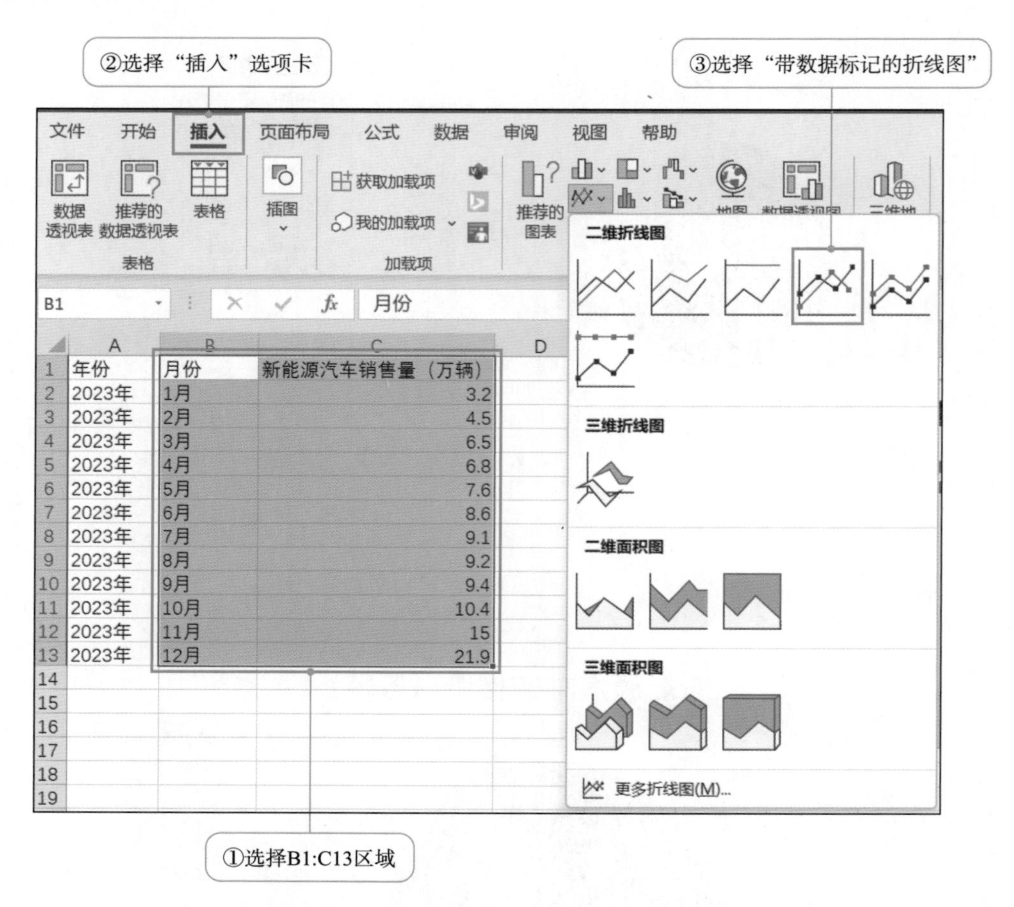

图 4-3-15　插入折线图

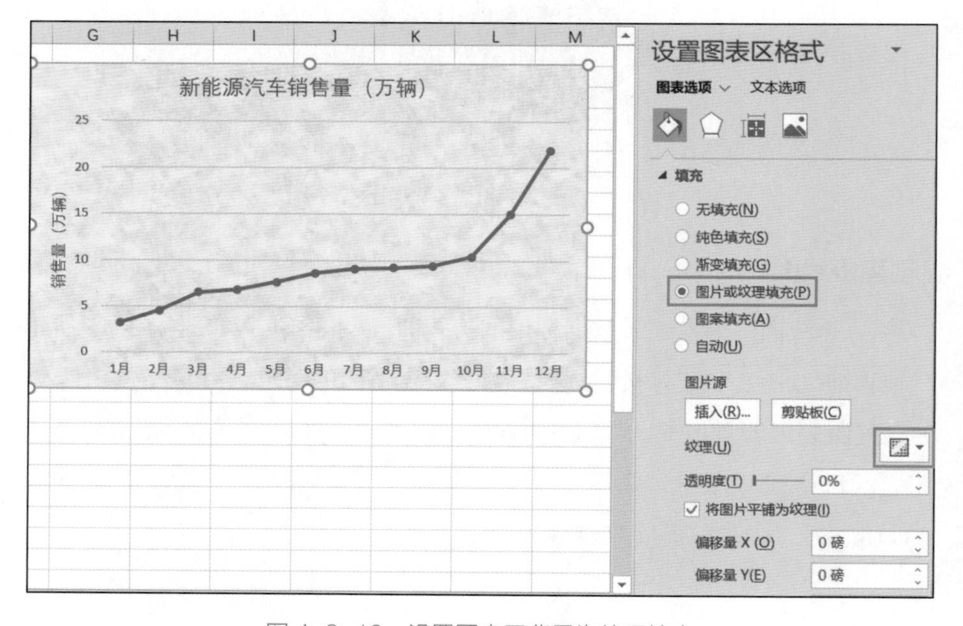

图 4-3-16　设置图表区背景为纹理填充

2）添加纵坐标轴标题“销售量（万辆）”，操作步骤与条形图添加纵坐标轴标题相同。

（3）结论分析。经过以上步骤创建的新能源汽车销售量折线图如图 4-3-17 所示。由此图可以直观地看出，S 公司 2023 年 1—12 月新能源汽车销售量呈增长趋势，特别是 11 月和 12 月增长迅速，而 1—6 月增长较缓慢，7—9 月销售量基本持平。基于以上销售趋势的分析，S 公司可以更好地制定下一年度汽车的生产和销售策略。

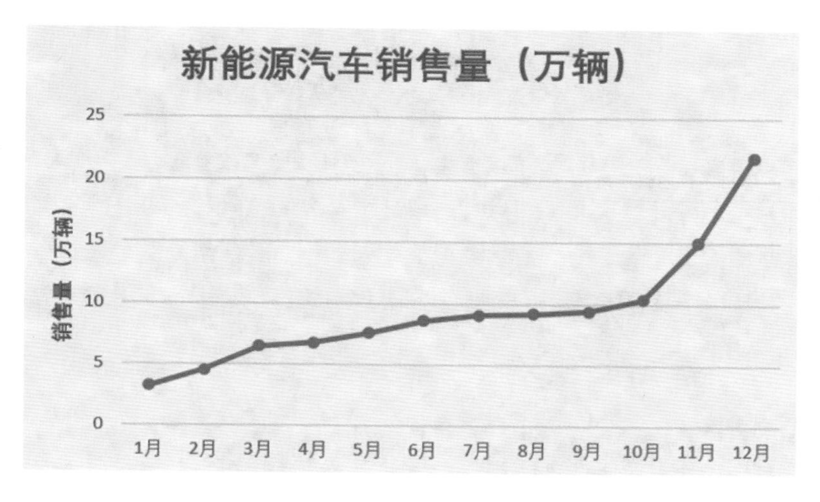

图 4-3-17　新能源汽车销售量折线图

巩固提高

在 4.1 的巩固提高中，我们制作了一份网络问卷调查的数据表，请基于该数据表，选择 2 ~ 3 种不同的图表类型进行数据的展示与分析。

任务 2　使用数据透视表和透视图

任务描述

在 4.2 的任务中，王天航进行了分类汇总表的制作。接下来，他计划按照院系和项目类型对运动会积分进行统计分析，汇总出不同院系在不同类型项目中的总积分，并制作数据透视表和透视图，从图表中可以直观地查看每个院系在个人和团体项目中的总积分以及积分总计。王天航制作好的运动会积分统计数据透视表和透视图如图 4-3-18 所示。

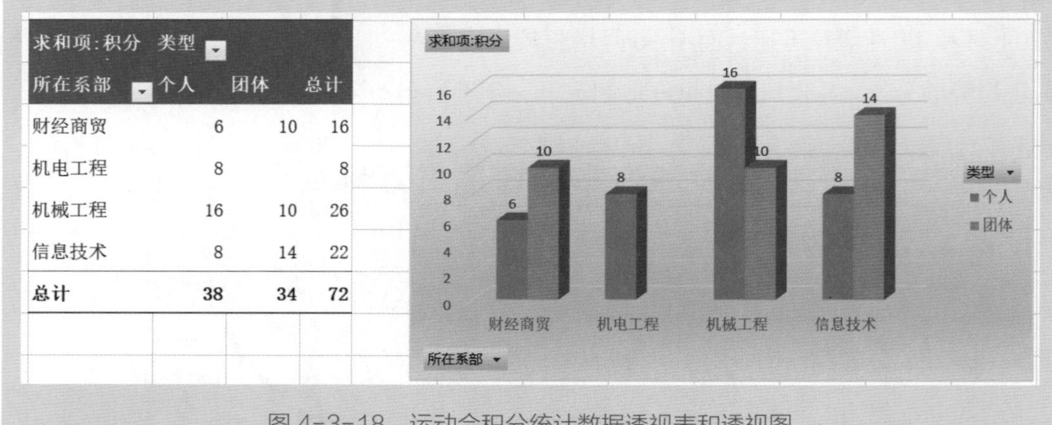

求和项:积分	类型		
所在系部	个人	团体	总计
财经商贸	6	10	16
机电工程	8		8
机械工程	16	10	26
信息技术	8	14	22
总计	**38**	**34**	**72**

图 4-3-18　运动会积分统计数据透视表和透视图

知识储备

数据透视表和透视图是我们进行数据分析时不可或缺的工具。

一、数据透视表

数据透视表是一种交互式表格，可以对大量数据进行快速汇总、分析、浏览和显示。它的主要特点是交互性、汇总性和可视化。

1. 交互性

使用数据透视表，用户可以通过拖放字段来更改表格布局，以不同的方式查看和分析数据。还可以筛选数据、更改计算方式等，以满足特定的分析需求。

2. 汇总性

使用数据透视表，用户可以快速地汇总大量数据，进行求和、求平均值、计数等操作。这些汇总数据可以根据用户的需求显示或隐藏，以便更好地展示关键信息。

3. 可视化

数据透视表通常与图表结合使用，以便更直观地展示数据。用户可以将数据透视表中的数据字段拖动到图表中，从而创建多种类型的图表，如柱形图、折线图、饼图等。

数据透视表在商业分析、市场研究等多个领域都有着广泛的应用。借助数据透视表，用户可以轻松地从数据中发现趋势、规律和潜在问题，为决策提供有力支持。

二、数据透视图

数据透视图是一种基于数据透视表创建的特殊图表，它通过图形化的方式，直观地展示数据透视表中的数据，使用户能够更方便地查看、比较和分析数据。

与数据透视表类似，数据透视图同样具备交互性。图表上提供了交互式筛选按钮，用户可以根据需要更改数据汇总方式和显示方式，筛选并展示图表区中的数据，从多角度查看数据。

任务分析

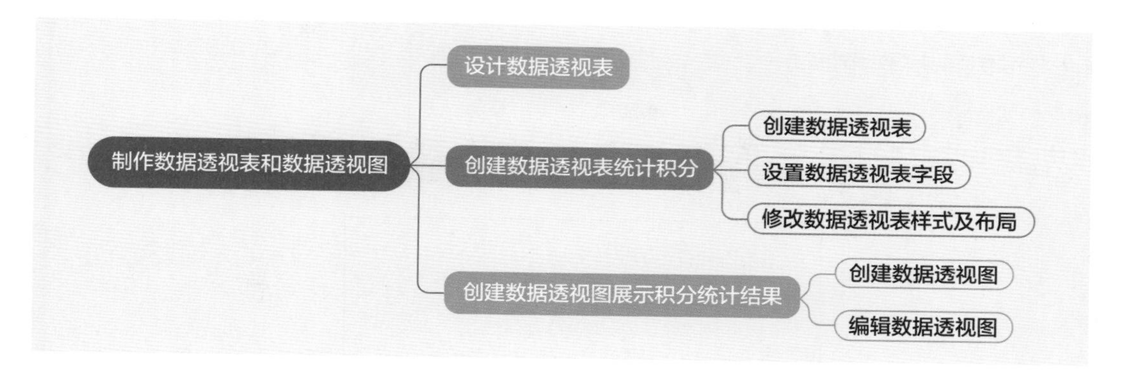

任务实践

王天航首先根据需求对数据透视表进行了具体设计，然后开始创建数据透视表和透视图，以便进行数据统计，最后将数据以直观的方式展示出来。

1. 设计数据透视表

在本任务中，对“校运动会成绩表.xlsx”（参见“素材库 / 第四单元 /4.3/ 任务 2”）进行数据分析的目的是统计不同院系在不同类型项目中的总积分。因此，需要统计的数据为“积分”，统计的方式是“求和”，统计的类别分别是“所在系部”和“类型”。

2. 创建数据透视表统计积分

（1）创建数据透视表。选择 A2:H12 区域，创建数据透视表，操作步骤如图 4-3-19 所示。

（2）设置数据透视表字段。操作步骤如图 4-3-20 所示。

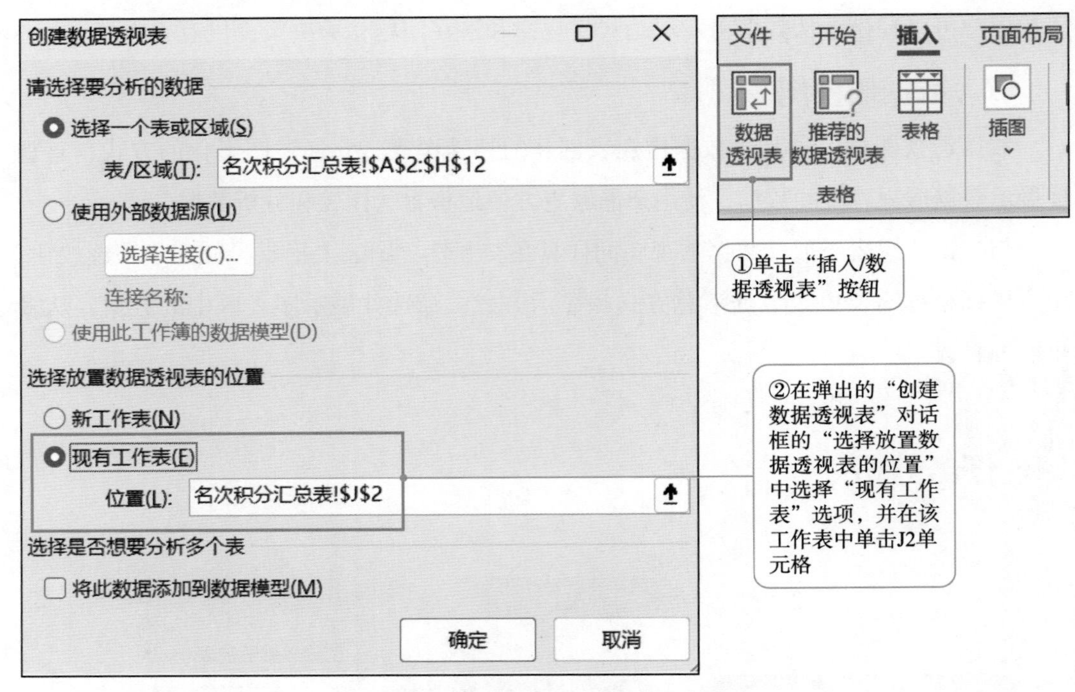

图 4-3-19　创建数据透视表

图 4-3-20　设置数据透视表字段

（3）修改数据透视表样式及布局。操作步骤如图 4-3-21 所示。

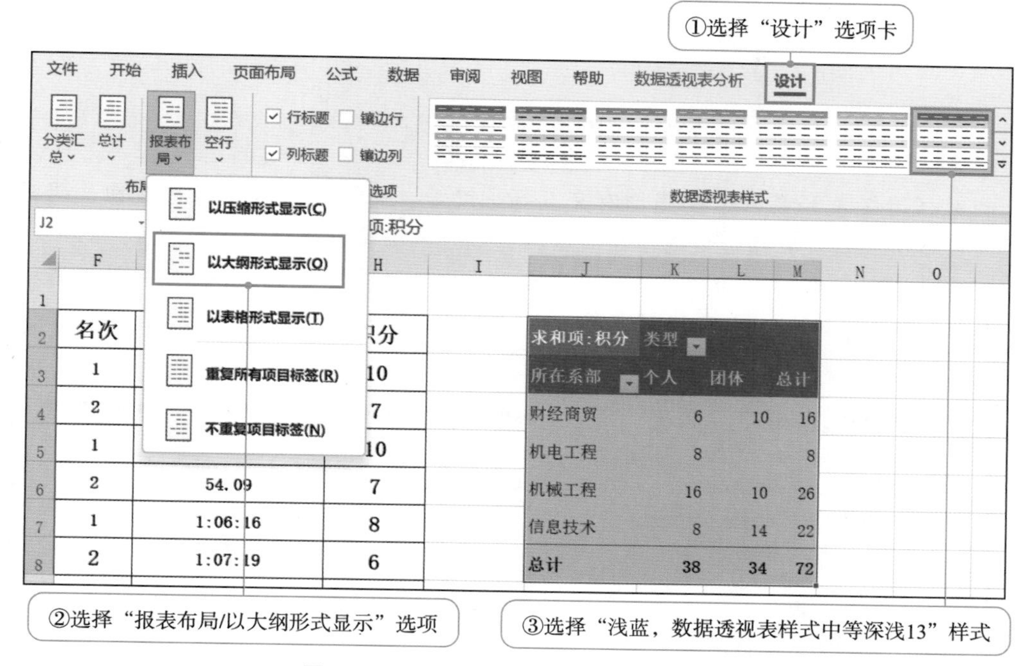

图 4-3-21　修改数据透视表样式及布局

3. 创建数据透视图展示积分统计结果

（1）创建数据透视图。为数据透视表插入“三维簇状柱形图”，操作步骤如图 4-3-22 所示。

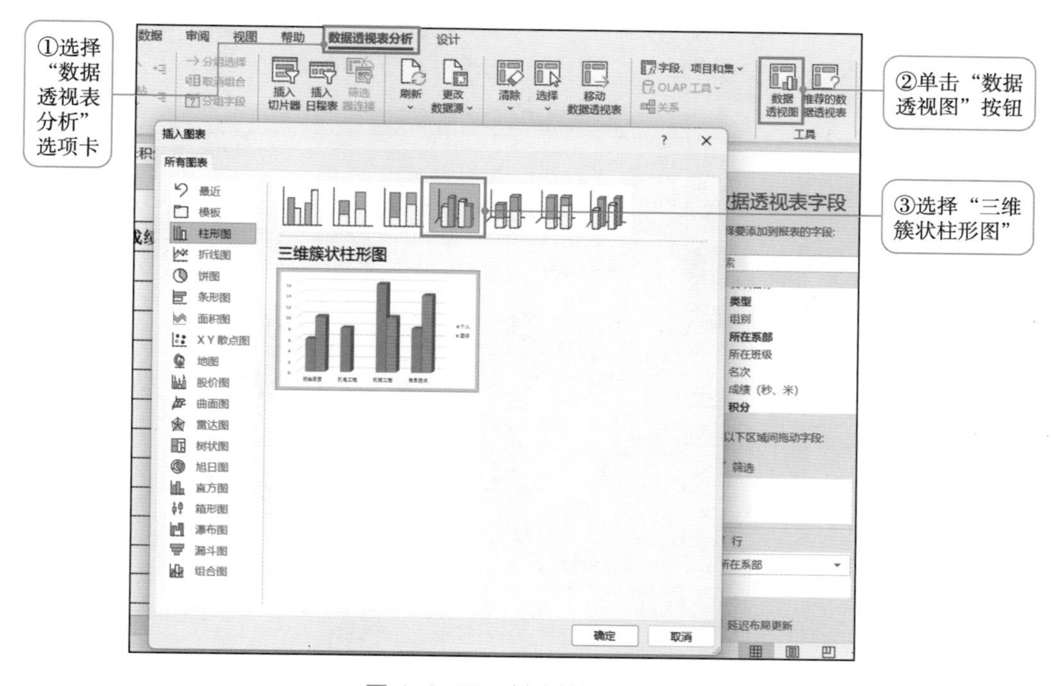

图 4-3-22　创建数据透视图

（2）编辑数据透视图。将数据透视图背景设置为渐变填充，并显示数据标签，具体步骤可参考前面的操作。

知识拓展

数据透视表和数据透视图都有交互筛选功能，可以通过单击筛选按钮，同时更改数据透视表和数据透视图中的数据。例如，单击数据透视图中“所在系部”按钮，勾选“财经商贸”和“机械工程”复选框，如图 4-3-23 所示，此时数据透视图和数据透视表中都只显示财经商贸和机械工程两个院系的积分数据，如图 4-3-24 所示。

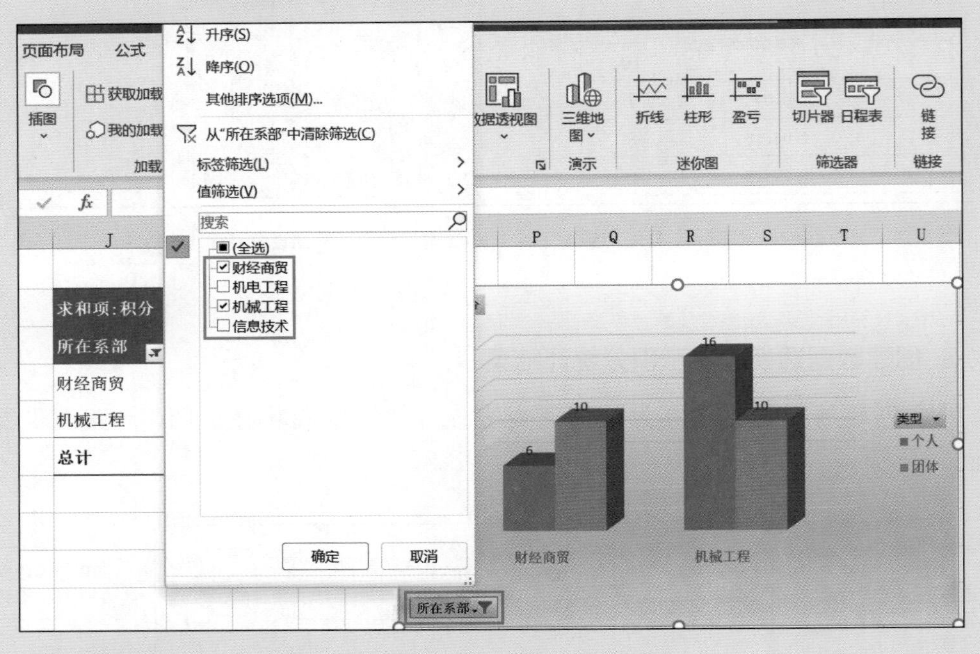

图 4-3-23　数据透视图交互筛选

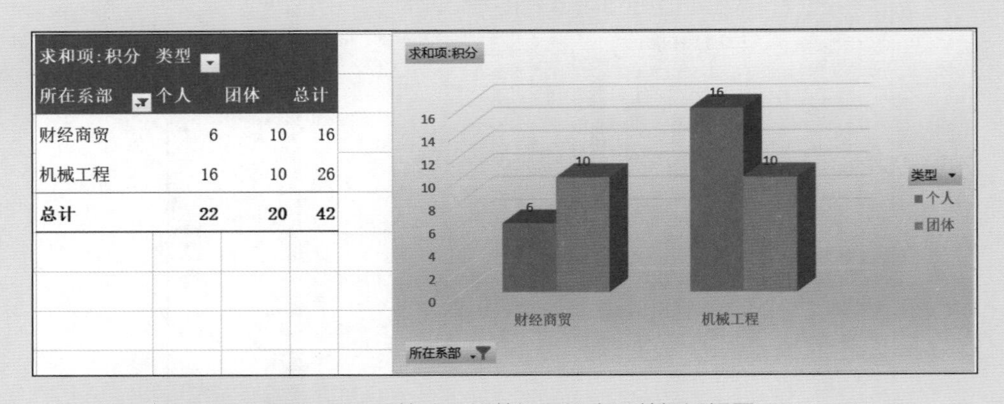

求和项:积分	类型		
所在系部	个人	团体	总计
财经商贸	6	10	16
机械工程	16	10	26
总计	**22**	**20**	**42**

图 4-3-24　筛选后的数据透视表和数据透视图

巩固提高

在 4.1 的巩固提高中，我们制作了网络问卷调查的数据表，请基于该数据表，设计并制作数据透视表和透视图。

拓展与探究

数据作品的发布与交流

数据作品是以数据为基础，通过图表、图像、动画等形式展现出来的作品。它们不仅能够直观地展示数据，还可以帮助我们更好地理解和分析数据。

1. 数据作品的发布平台

要发布数据作品，首先需要选择一个合适的平台，如学校的官方网站或学习平台、社交媒体、在线数据可视化工具等。这些平台都具有各自的特点和优势，可以根据作品的内容和目的选择合适的平台进行发布。

（1）学校官方网站或学习平台。学校官方网站或学习平台通常是面向学生开放的，可以为学生提供一个安全、正式的环境来展示数据作品。在这些平台上发布作品，还可以得到老师、同学的反馈和建议。

（2）社交媒体。社交媒体平台用户多，传播速度快，在这些平台上发布作品可以让更多的人看到，如微博、抖音、微信公众号等。

（3）在线数据可视化工具。许多在线数据可视化工具不仅提供了丰富的数据可视化模板，还支持用户将自己的数据作品发布到平台上，与其他用户分享和交流。

需要注意的是，无论选择哪个平台发布数据作品，都要确保作品的质量，并且遵守平台的规则和要求，同时也要注意保护个人隐私和信息安全。

2. 数据作品的发布流程

数据作品的发布流程包括准备作品、选择平台、发布作品几个环节。

（1）准备作品。明确数据作品的主题和内容，根据作品主题采集数据、收集素材，使用数据处理软件制作一个完整的数据作品。

（2）选择平台。根据作品的内容、类型和目的，选择合适的作品发布平台。

（3）发布作品。将作品上传到所选平台，填写作品的相关信息并发布作品。将作品链接分享给更多的人，邀请他们观看作品并交流意见。

在发布数据作品时，需要注意以下几点。

1）确保数据的准确性和可靠性，避免误导他人。

2）尊重他人的知识产权和隐私，不擅自使用他人的数据和作品。

3）遵守数据发布平台的规则和法律法规，不得发布违法违规的内容。

4）根据反馈和建议优化和改进作品，提高作品的质量和吸引力。

3. 数据作品的交流与互动

发布作品后，还可以通过评论、点赞、分享等方式与他人进行交流和互动，也可以观看他人的作品，进行学习借鉴。

数据作品发布与交流是一项充满挑战和乐趣的活动，通过发布自己的作品并与他人交流互动，不仅可以提高自己的数据处理和分析能力，还可以拓宽视野、结交朋友。请选择一个数据作品的发布平台，与老师和同学分享你的作品吧！

第五单元

交互式媒体创作
——数字媒体技术应用

数字媒体在我们的生活中无处不见，无论是使用计算机制作文档，处理图像、音频和视频，还是通过互联网与他人进行视频聊天、召开视频会议，都属于数字媒体技术的应用。色彩斑斓、绚丽夺目的数字媒体作品为我们带来一次又一次的感官享受。引人入胜的交互式游戏、令人惊叹的电影视觉特效、丰富多样的网络互动体验，将我们带入全新的数字媒体时代，我们的学习、工作和生活方式也经历着深刻的变革。

在本单元中，我们将熟悉并掌握常见数字媒体技术软件的基础操作，学会利用这些软件捕获和处理数字媒体内容，创作出自己的数字媒体作品；初步认识虚拟现实与增强现实技术，学习运用这两种技术的相关软件，并亲身感受它们所带来的实用效果。

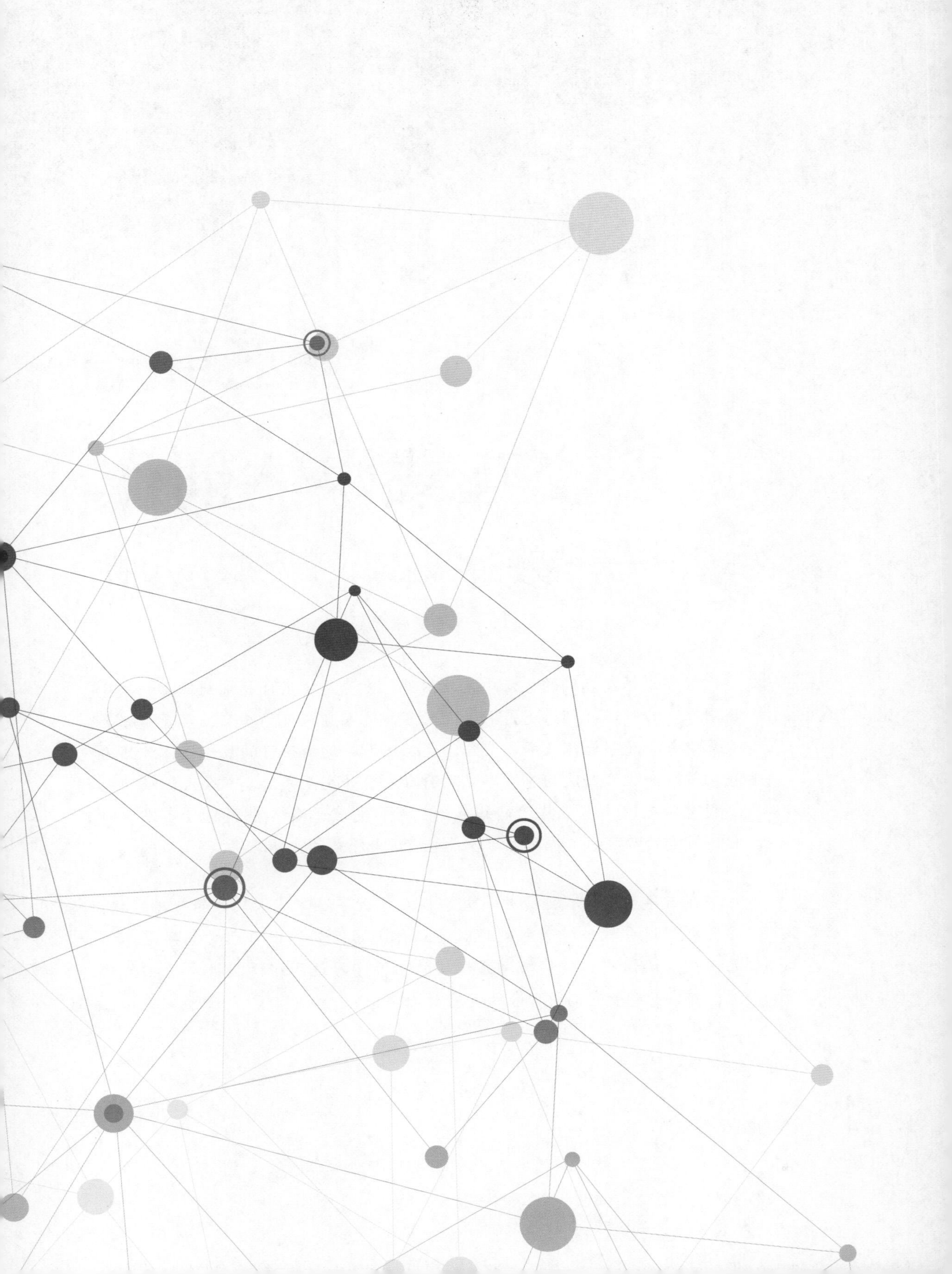

5.1 制作简单数字媒体作品

随着数字科技的不断发展，数字媒体作品的创作工具愈发多样，制作流程日趋简化。我们可以灵活地结合文字、图像、音频、视频、动画等多种元素，轻松地创作出属于自己的数字媒体作品，并通过作品表达主题与情感。

学习目标

1. 了解图像处理的相关知识，会用软件加工处理图像。
2. 了解动画的基本原理，会用软件制作简单动画。
3. 了解视频编辑的相关知识，会用软件制作短视频。
4. 了解文件格式转换的相关知识，会用软件转换文件格式。

任务 1　加工处理图像

任务描述

中华文化源远流长、灿烂辉煌。在 5 000 多年文明发展中孕育的中华优秀传统文化是中华民族的精神命脉，对延续和发展中华文明、促进人类文明进步，发挥着重要作用。为了引导学生感悟中华民族的智慧与创造，增强民族自豪感，坚定文化自信，小信所在的学校定于“五一”国际劳动节后举办“中华优秀传统文化艺术作品展”，展示由同学们创作的各类艺术作品。

小信作为此次活动宣传组的成员，负责为参加作品展示的同学制作参展证。制作好的参展证如图 5-1-1 所示。

图 5-1-1 “中华优秀传统文化艺术作品展”参展证效果图

知识储备

在正式制作参展证前，先让我们一起来了解常用的图像编辑软件，学习图像的相关知识，包括位图与矢量图、图像文件格式、分辨率，以及图像处理需具备的美学基础知识等。

一、常用图像编辑软件

图像编辑软件是用于处理和修改数字图像的软件程序。这些软件可以帮助用户执行各种任务，如裁剪、调整色彩、添加滤镜效果、修复瑕疵、合成图像等。以下是一些常用的图像编辑软件。

1. Adobe Photoshop

Adobe Photoshop 提供了广泛的编辑和修饰功能，适用于专业摄影师、设计师和艺术家。

2. Adobe Illustrator

作为一款矢量图形处理软件，Adobe Illustrator 主要应用于印刷品排版、专业插画制作、多媒体图像处理和互联网页面制作等。

3. Adobe Lightroom

Adobe Lightroom 主要依据摄影师的工作流程进行功能设计，用于管理和调整 RAW

格式和 JPEG 格式的照片，具有强大的组织和编辑能力。

4. Sketch

Sketch 是一款专为 UI/UX 设计师打造的矢量绘图软件，也可用于图像编辑。Sketch 提供了丰富的设计工具和模板，支持各种导出格式。

5. Canva

Canva 是一个在线设计平台，提供了大量设计模板和工具，可用于创建海报、名片、社交媒体图像等。Canva 的操作简单直观，适合初学者使用。

二、数字图像的分类

数字图像有位图和矢量图两种。

1. 位图

位图是由像素构成的图像，每个像素表示一个颜色点。这些像素以特定方式排列，形成完整的图像。位图能展现丰富的颜色和细节，但存储空间大，缩放或旋转后易失真。

2. 矢量图

矢量图由可重构图像的指令构成。在创建矢量图时，可以用不同的颜色来画线条和图形，然后将这些线条和图形转换为能重构图像的指令，计算机只存储这些指令而不是真正的图像。

矢量图与分辨率无关，具有清晰明确、无级缩放且始终保持平滑等特性，同时其所需存储空间相对较小，非常适合网络传输，但在表现复杂场景或细节丰富的对象时可能不够理想。

常见的图像文件格式有 BMP、JPG/JPEG、PNG、TIFF 等，其特点和主要用途见表 5-1-1。

表 5-1-1　常见的图像文件格式及其特点和主要用途

数字图像分类	图像文件格式	特点	主要用途	常用软件
位图	BMP	Windows 操作系统中的标准图像文件格式，图像信息较丰富，几乎不进行压缩，缺点是占用磁盘空间大	适合保存原始图像素材	浏览文件、简单处理可以使用 ACDSee 等，进行复杂处理可以使用 Photoshop

续表

数字图像分类	图像文件格式	特点	主要用途	常用软件
位图	JPG/JPEG	采用JPEG有损压缩技术，支持24位颜色，多平台广泛支持	适合连续色调的图像存储显示	浏览文件、简单处理可以使用ACDSee等，进行复杂处理可以使用Photoshop
	GIF	采用无损压缩，容量小，支持动态、单色透明效果和渐显方式，缺点是颜色数少	适合网络传输	
	PNG	支持高级别无损压缩，存储形式丰富，兼有GIF和JPG的色彩模式，显示速度很快，支持透明图像的制作，在网页中可以把图像和网页背景融合在一起	一般应用于JAVA程序、网页页面	
	TIFF	TIFF是扫描仪和桌上出版系统较为通用的图像格式文件，不依赖于操作环境，具有可移植性	适用于高质量的图像印刷	
	RAW	RAW是图像传感器将捕捉到的光源信号转换为数字信号的原始数据，是未经处理和压缩的文件格式	记录数码相机传感器的原始信息	
矢量图	CDR	CorelDRAW应用程序生成的格式文件	用于图形文字、标志的设计	CorelDRAW

三、分辨率

分辨率是用于描述图像文件信息的术语。分辨率分为图像分辨率、屏幕分辨率和输出分辨率。

1. 图像分辨率

位图图像包含固定数量的像素，这个固定的数量就是分辨率。图像分辨率是用来描述图像的一个信息，指的是在一定长度上像素的数量，其单位为ppi，即每英寸上的像素数量。

通常，对于同样尺寸的图像，分辨率越高，图像就会越清晰；反之，分辨率越低，图像就越模糊。如果在屏幕上以高缩放比率对它们进行缩放或以低于创建时的分辨率来打印它们，则将丢失其中的细节，并会呈现出锯齿，如图5-1-2所示。

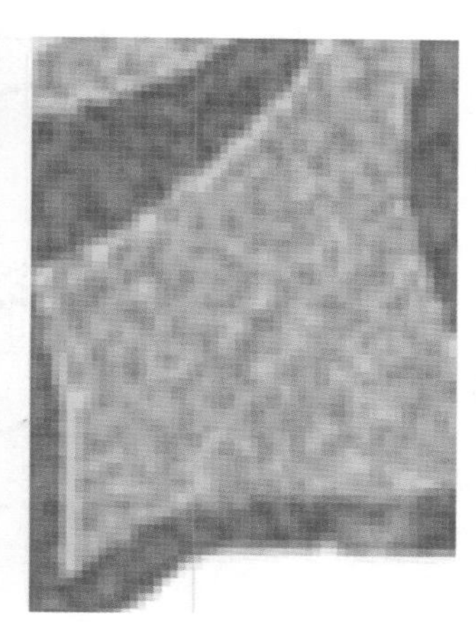

图 5-1-2　原图与放大图像的像素对比

2. 屏幕分辨率

屏幕分辨率是指显示器上每单位长度显示的像素数目。屏幕分辨率取决于显示器大小及其像素设置。

3. 输出分辨率

输出分辨率是打印机等输出设备产生的每英寸的油墨点数（dpi）。打印机的分辨率在 720 dpi 以上的，可以使图像获得比较好的效果。

知识拓展

分辨率的定义是每英寸内的像素数量。使用过低的分辨率来打印图像会导致像素化，即输出结果上的像素大而粗糙；使用过高的分辨率将增大文件大小，但不会提高印刷输出的质量，同时还会降低图片打印的速度。

四、构图与色彩

1. 构图

构图是依据作品所要传达的核心思想，将所需展现的元素恰当地安排在一起，以呈现出和谐的视觉效果。常用的构图方法有黄金分割法、对称法、三角形构图法等。

（1）黄金分割法。黄金分割法是将画面整体分为两个不等部分，其中较大部分占整体的比例与较小部分占较大部分的比值约等于 0.618，如图 5-1-3 所示。这种构图方式使画面呈现出和谐之美，给予观众一种视觉上的均衡感受。

（2）对称法。将画面中的元素左右或上下对称排列，可以营造出平衡、和谐的美感，如图 5-1-4 所示。

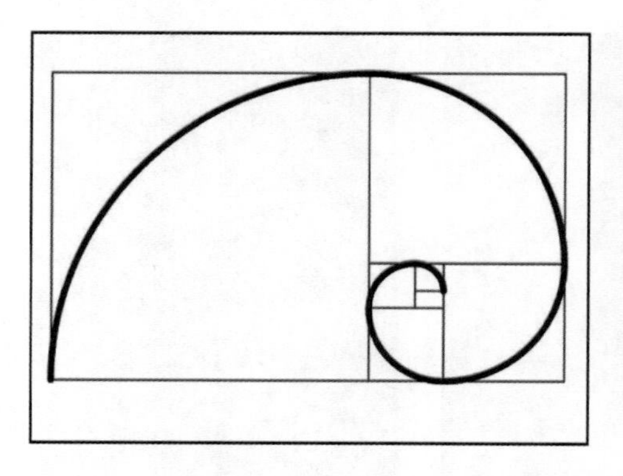

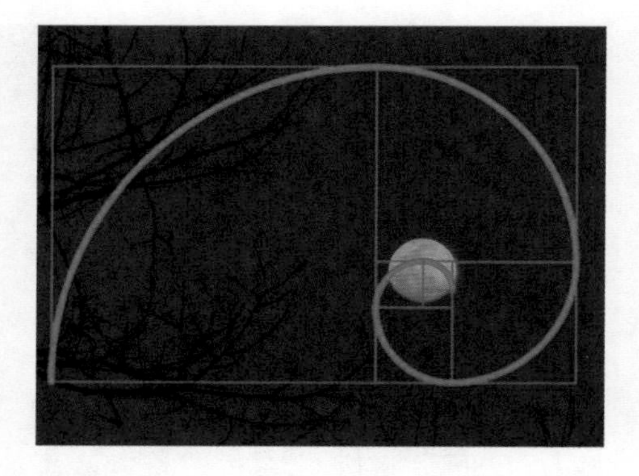

图 5-1-3　黄金分割法

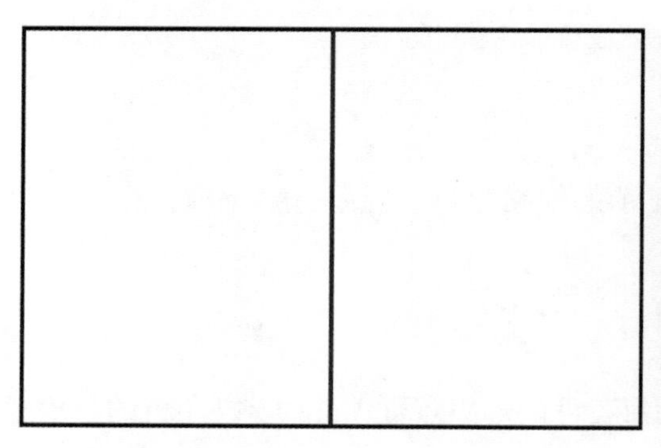

图 5-1-4　对称法

（3）三角形构图法。将画面中的元素排列成三角形，可以使画面更加稳定和有力量感，如图 5-1-5 所示。

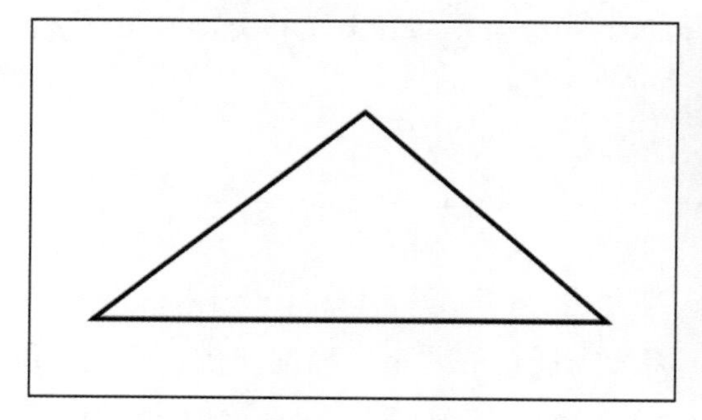

图 5-1-5　三角形构图法

2. 色彩

在艺术与设计领域，色彩可分为两类：有彩色系和无彩色系。有彩色系包括所有包含一定量颜料或染料的颜色，如红色、蓝色、黄色等；无彩色系主要指白色、黑色，以及由白黑混合产生的各种灰色。

色彩的基本构成来自红、黄、蓝三种颜色，它们被称为三原色。通过三原色的混合与搭配，可以创造出丰富多彩的颜色。色相环作为一种重要的色彩工具，能帮助我们准确判断和分析颜色，因而在色彩设计中具有极高的实用价值，如图 5–1–6 所示。在色相环上，彼此相对的颜色称为互补色。互补色之间形成的鲜明对比能够创造出一种活泼的视觉效果。与某种颜色相邻的其他颜色则称为邻近色。运用邻近色进行配色，可以营造出和谐且统一的视觉效果。

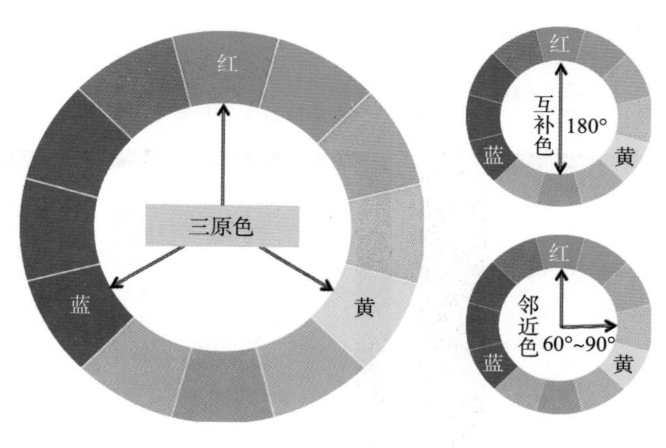

图 5–1–6　色相环

任务分析

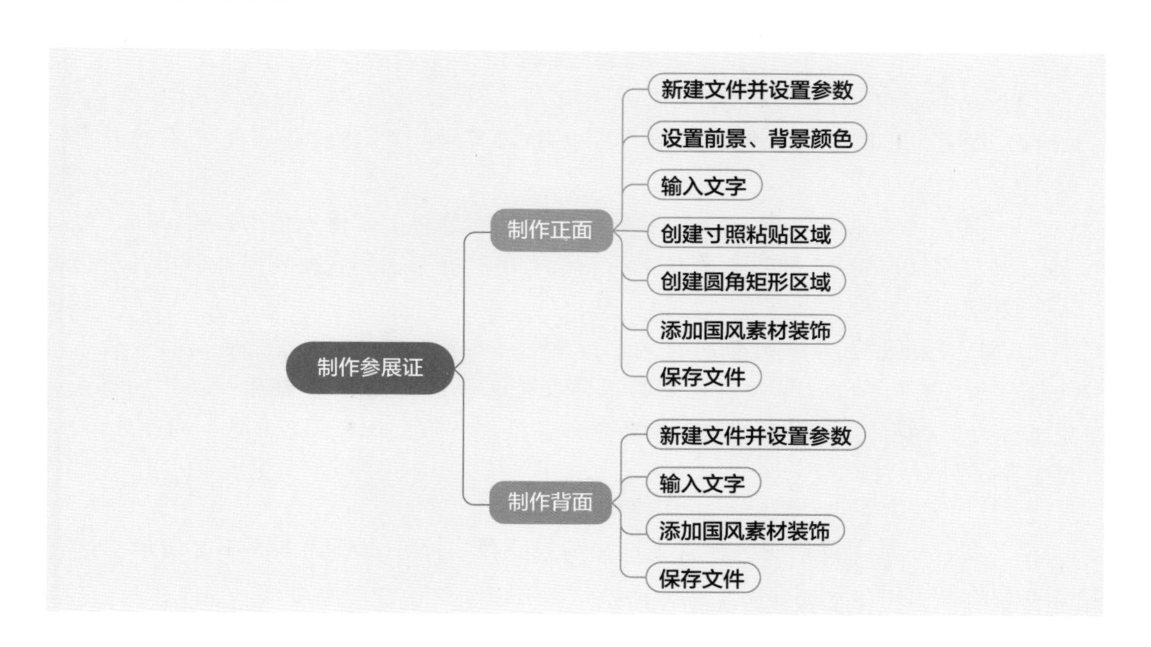

任务实践

参展证是学生在参展过程中佩戴的，用于身份核验、签到打卡等。这个任务我们使用 Photoshop 来完成，先制作参展证的正面，再制作背面。

1. 制作正面

（1）新建文件并设置参数。操作步骤如图 5-1-7 所示。

①单击菜单栏中“文件”按钮，在弹出的下拉菜单中选择“新建”

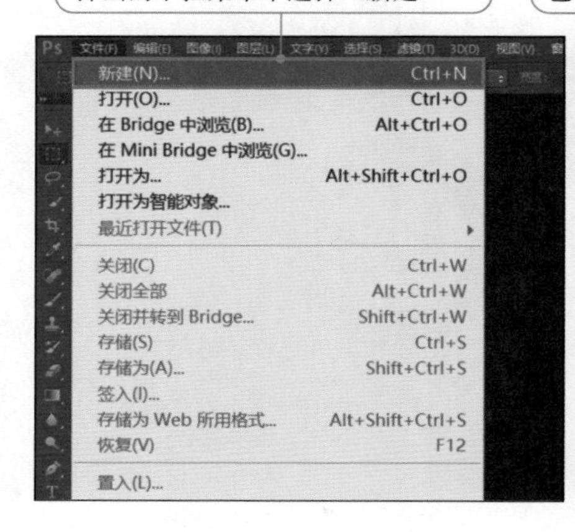

②在弹出的“新建”对话框中设置文件宽度、高度、分辨率和颜色模式，重新命名文件名称为“参展证”，点击“确定”按钮

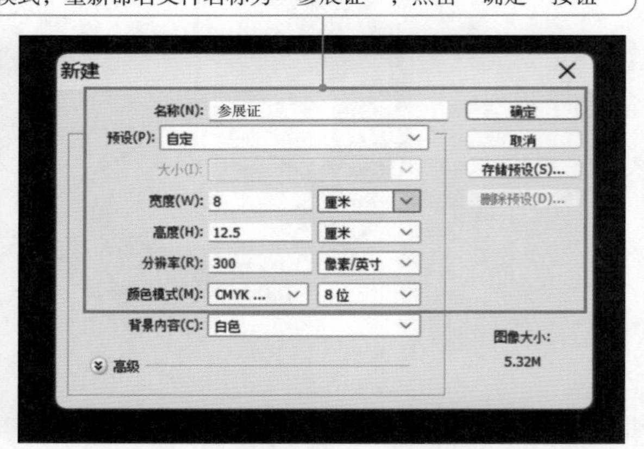

图 5-1-7　新建文件并设置参数

知识拓展

Photoshop 中的颜色模式有位图、灰度、双色调、索引颜色、RGB 颜色、CMYK 颜色、Lab 颜色、多通道等。其中 RGB 颜色、CMYK 颜色是常用的颜色模式。

RGB 颜色是在计算机、手机等屏幕显示中使用的色彩模式，由红（red）、绿（green）、蓝（blue）3 种基色的相互混合来表现所有彩色，在处理照片和图片时通常会使用。

CMYK 颜色也叫印刷颜色模式。由青色（cyan）、洋红色（magenta）、黄色（yellow）、黑色（black）四种色彩的不同数值来合成其他 N 种颜色，在印刷行业中被称为“四色模式”。在涉及印刷品（如海报、书籍、画册、名片等）的设计时，通常要使用 CMYK 颜色。

（2）设置前景、背景颜色。首先选择前景颜色，操作步骤如图 5-1-8 所示。接着填充背景颜色，操作步骤如图 5-1-9 所示。

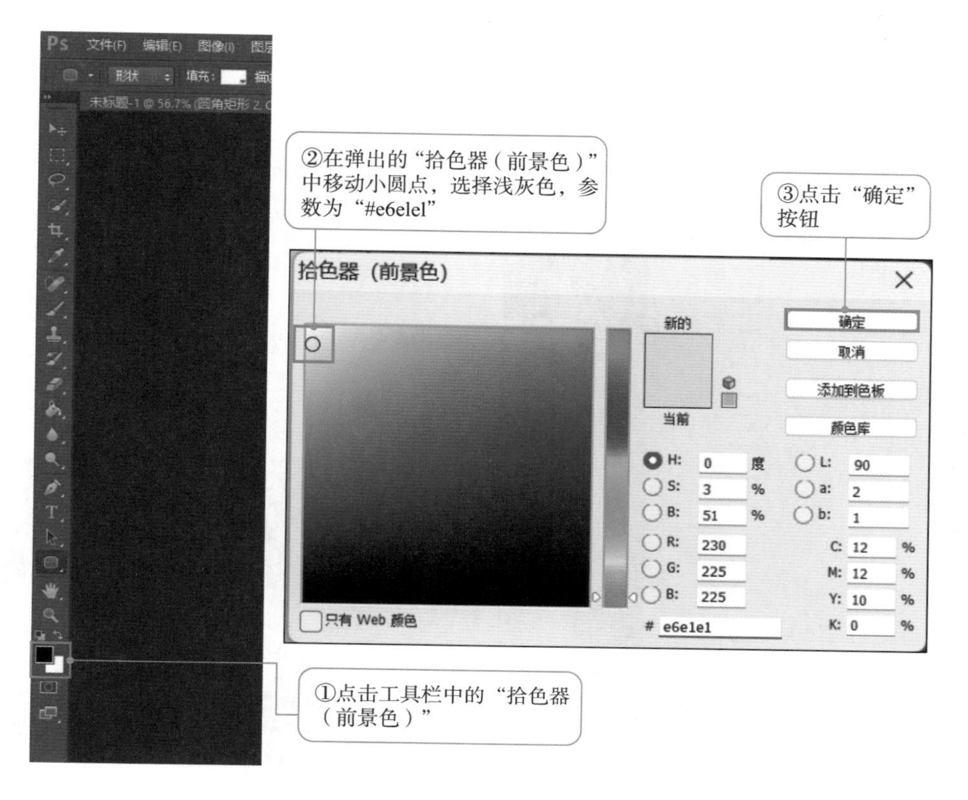

图 5-1-8　选择前景颜色

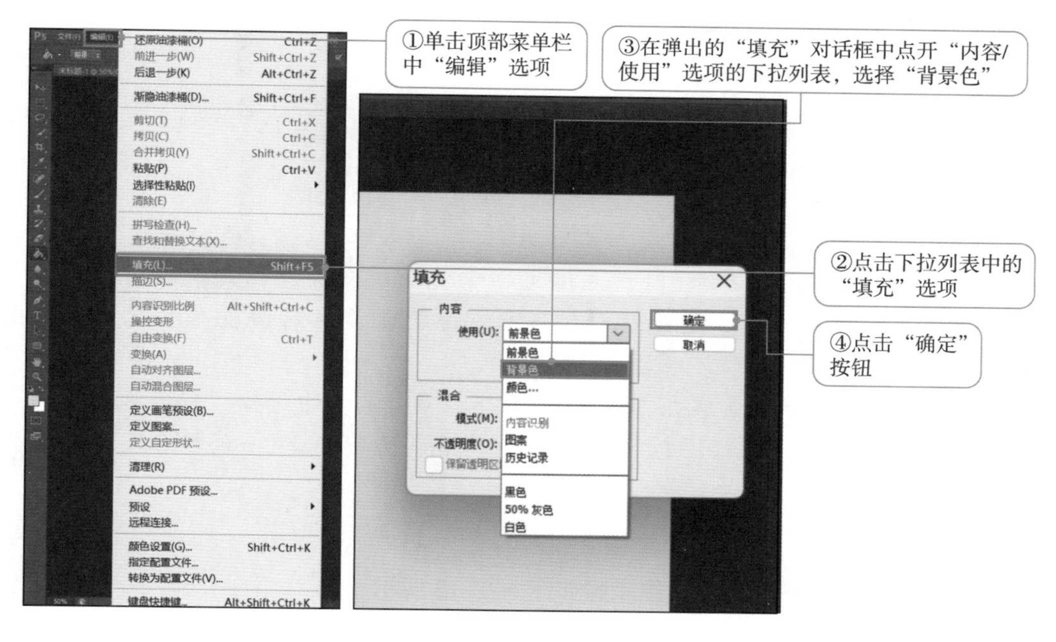

图 5-1-9　填充背景颜色

（3）输入文字。输入文字“参展证”，操作步骤如图 5-1-10 所示。

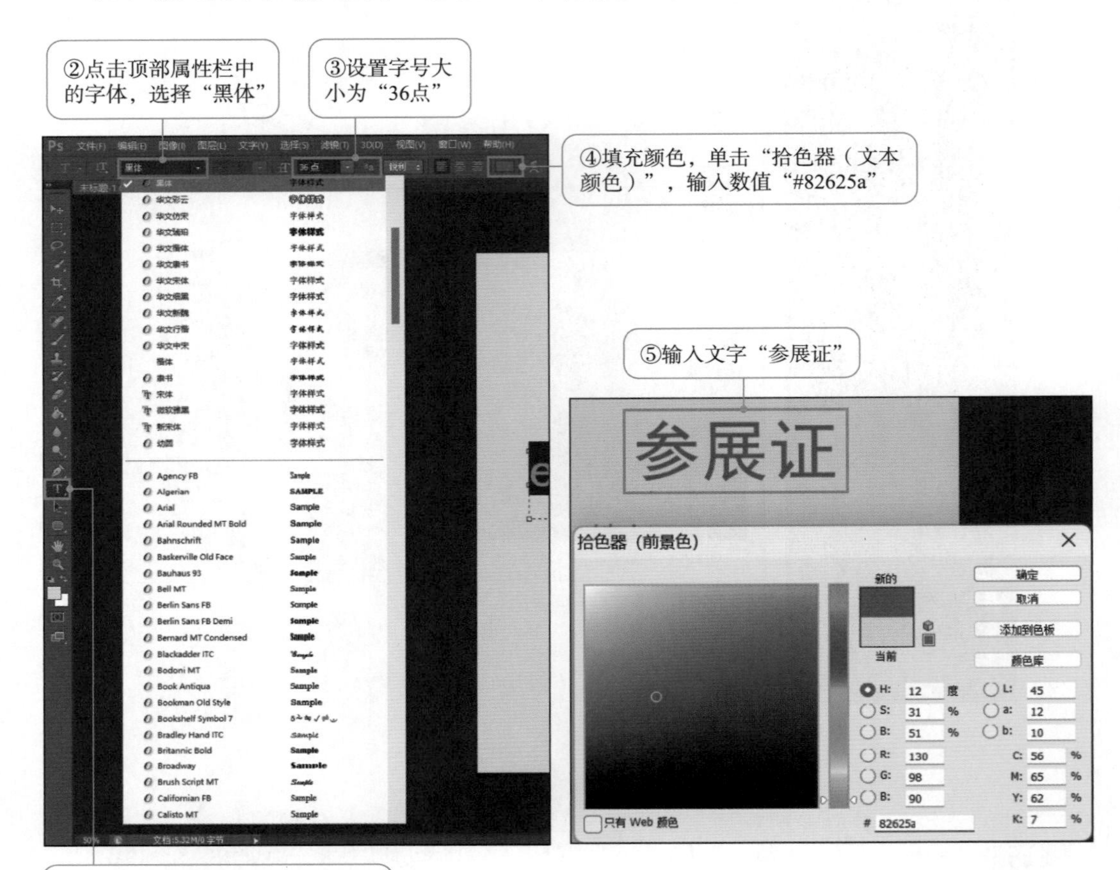

图 5-1-10　输入文字“参展证”

实用技巧

小信在用 Photoshop 设计时，主体文字需要居中对齐，但是人眼对齐往往会出现偏差，她应该怎么避免这种偏差呢？这就需要用到 Photoshop 的参考线工具。

首先在顶部菜单栏中单击“视图”，在下拉菜单列表中选择“新建参考线”，打开“标尺”，就可以从标尺边缘拖拽更多参考线，从而保证对齐的精准。

输入文字“姓名”“专业”，操作步骤如图 5-1-11 所示。

（4）创建寸照粘贴区域。操作步骤如图 5-1-12 所示。

（5）创建圆角矩形区域。首先创建圆角矩形，操作步骤如图 5-1-13 所示。

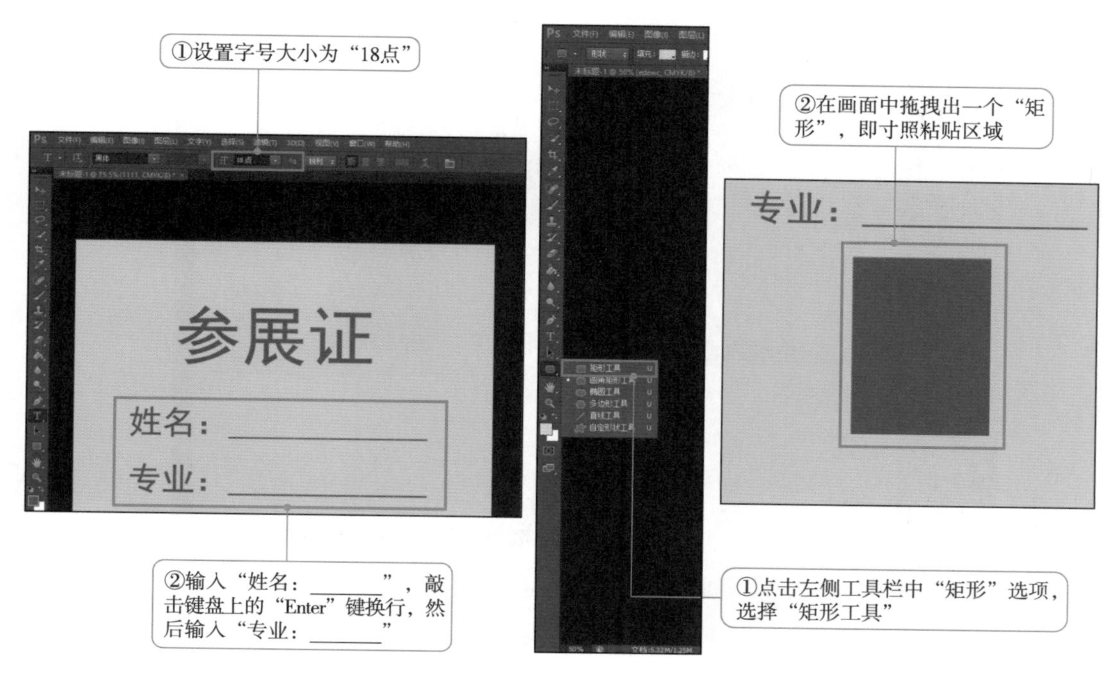

图 5-1-11　输入文字“姓名”“专业”

图 5-1-12　创建寸照粘贴区域

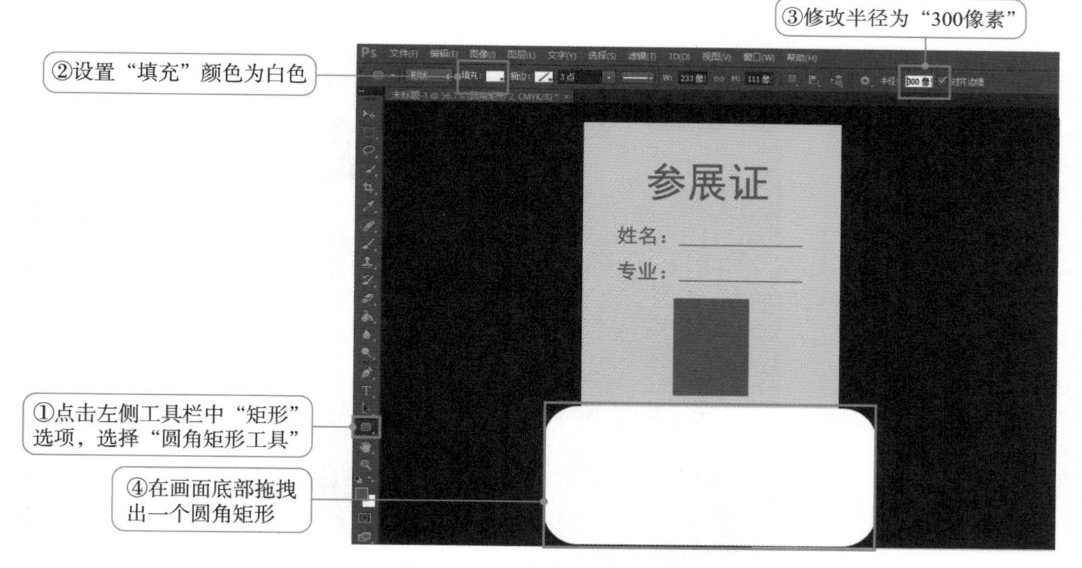

图 5-1-13　创建圆角矩形

接着调整圆角矩形的大小和位置，操作步骤如图 5-1-14 所示。

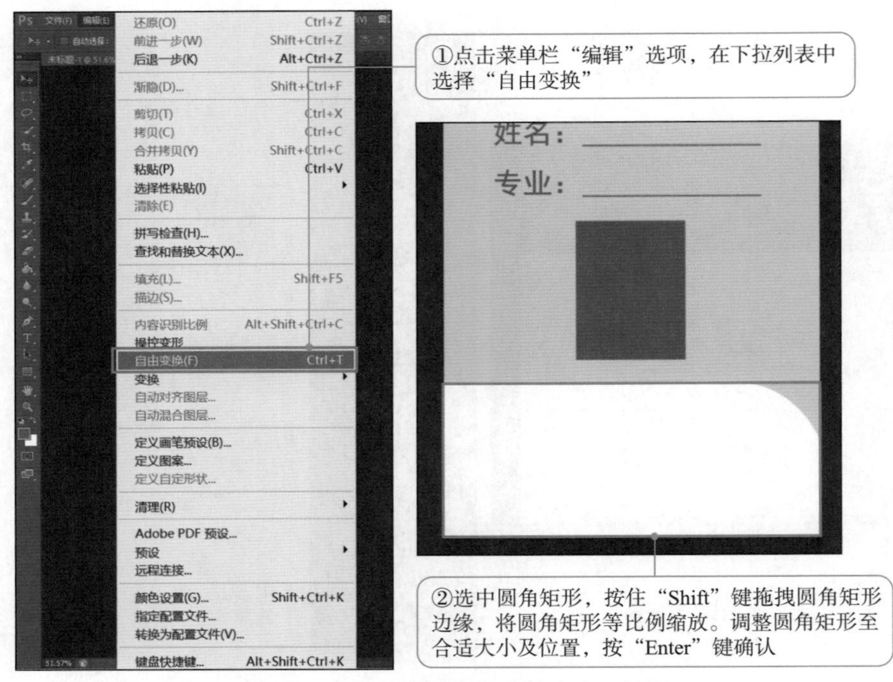

图 5-1-14　调整圆角矩形的大小和位置

然后输入文字“中华优秀传统文化艺术作品展”，操作步骤如图 5-1-15 所示。

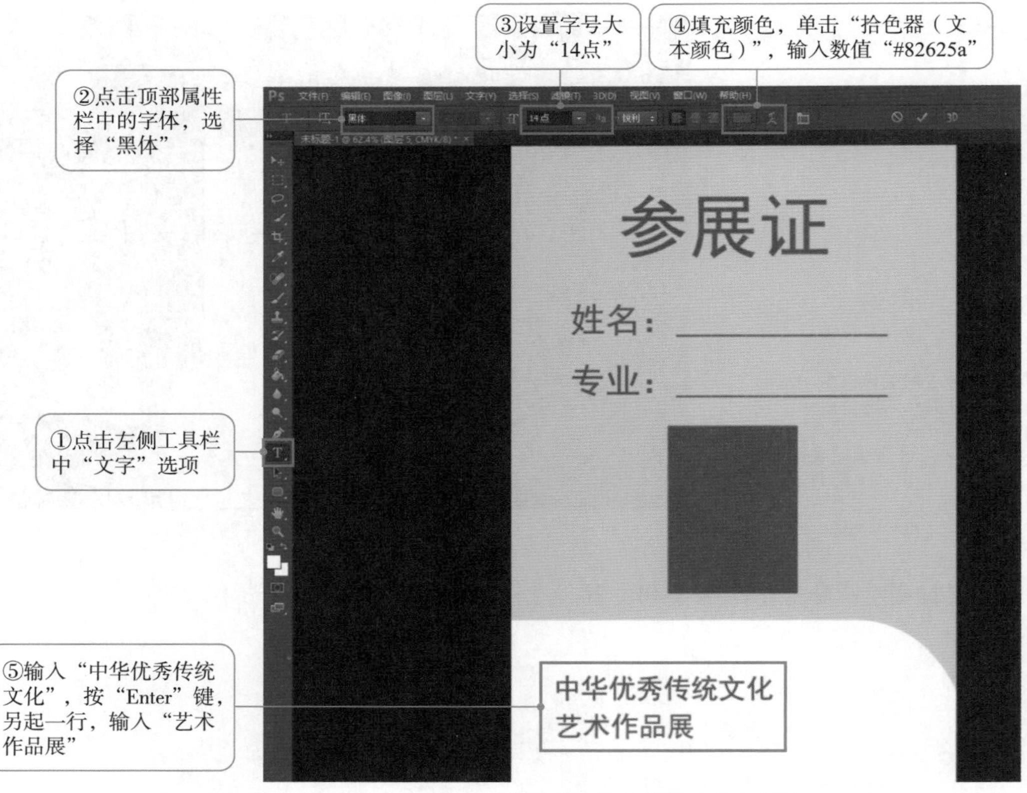

图 5-1-15　输入文字“中华优秀传统文化艺术作品展”

最后修改部分文字颜色，操作步骤如图 5-1-16 所示。

图 5-1-16　修改部分文字颜色

（6）添加国风素材装饰。操作步骤如图 5-1-17 所示。

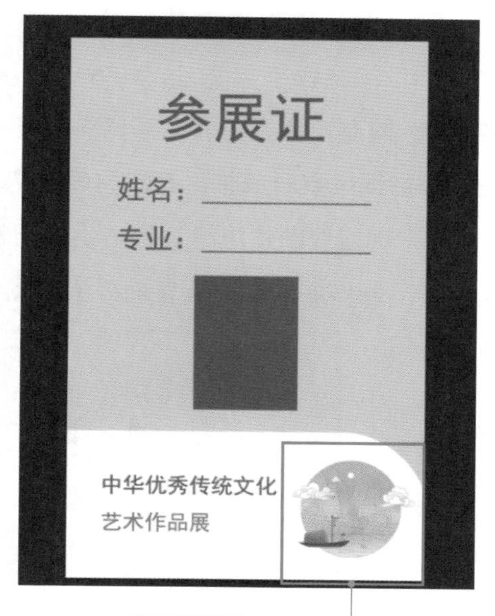

图 5-1-17　添加国风素材装饰

（7）保存文件。分别保存源文件和 JPG 文件。

1）保存源文件。单击顶部菜单栏“文件”选项，在下拉菜单列表中选择“存储为”选项，选择存储到“桌面”，文件格式选择“PSD”选项，文件命名为“参展证.psd”。

2）保存 JPG 文件。单击顶部菜单栏“文件”选项，在下拉菜单列表中选择“存储为”选项，选择存储到“桌面”，文件格式选择“JPEG”选项，文件命名为“参展证.jpg”。

实用技巧

Photoshop 的常用快捷键如下。

新建：Ctrl+N　**打开**：Ctrl+O　**保存**：Ctrl+S　**另存为**：Ctrl+Shift+S
放大视图：Ctrl++　**缩小视图**：Ctrl+−　**全选**：Ctrl+A　**取消选择**：Ctrl+D
反向选择：Ctrl+Shift+I　**自由变换**：Ctrl+T　**新建图层**：Ctrl+Shift+N
合并图层：Ctrl+E　**填充前景色**：Alt+Delete　**填充背景色**：Ctrl+Delete

2. 制作背面

参展证的正面已完成并保存，接下来小信还需要完成参展证的背面。

（1）新建文件并设置参数。新建宽度为 8 厘米、高度为 12.5 厘米的文件，分辨率设置为 300 像素，颜色模式设置为“CMYK”。重新命名文件名称为“参展证背面”，单击“确定”按钮。

（2）输入文字。单击左侧工具栏中“文字”选项，在顶部属性栏中的字体中选择“黑体”，设置字号大小为“60 点”。单击“拾色器（文本颜色）”，输入数值“#82625a”，填充颜色。输入文字“参展证”。

（3）添加国风素材装饰。在素材库中选择图片“手绘素材.jpg”，拖拽至编辑页面。按住“shift”键拖拽图片边缘，将“手绘素材”图片等比例缩放。调整“手绘素材”的大小及位置。制作好的参展证背面效果如图 5-1-18 所示。

图 5-1-18　参展证背面效果图

（4）保存文件。分别保存源文件和 JPG 文件。选择存储到“桌面”，文件命名为“参展证背面.jpg”。

巩固提高

小信作为此次活动宣传组的成员，还负责为本次活动制作宣传海报，请你帮助小信完成本次活动的海报设计。

任务2　制作动画

任务描述

京剧，又称平剧、京戏等，是我国的国粹之一，也是我国影响力最大的戏曲剧种。京剧流播全国，影响甚广，有“国剧”之称，被列入联合国教科文组织非物质文化遗产名录和人类非物质文化遗产代表名录，是中华民族传统文化的重要表现形式。京剧舞台上千余出戏，数不清的花脸角色，每个角色都有自己的一套脸谱画法，象征着角色的性格和品质。比如，红色脸象征忠义耿直；黑色脸表现性格严肃、不苟言笑；白色脸表现奸诈多疑等。小信要为中华优秀传统文化艺术作品展的京剧板块制作一个京剧脸谱宣传动画，她准备使用美图秀秀的“GIF制作”功能来完成。

制作好的动画如图5-1-19所示，动态效果参见“素材库/第五单元/5.1/任务2/京剧脸谱动画.gif”。

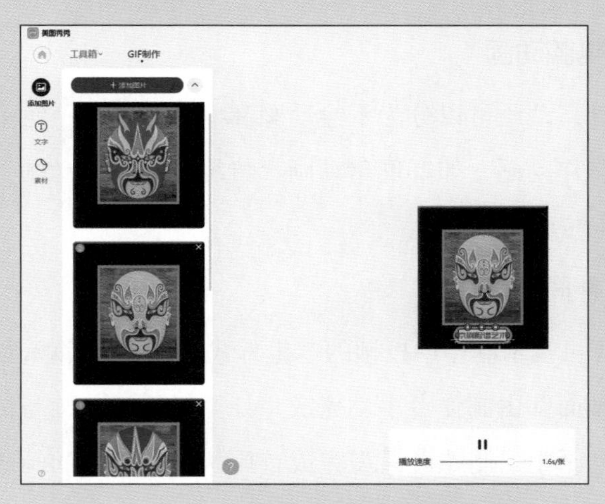

图5-1-19　京剧脸谱动画制作展示图

知识储备

在正式制作动画前，先让我们一起来了解动画的基本原理、动画的分类，以及制作不同类型动画的常用动画制作软件。

一、动画的基本原理

动画的基本原理是将静止的画面变成动态的一种艺术，它的基本原理与电视和电影一样，都是基于人眼的视觉暂留效应。

医学证明，人眼具有视觉暂留的特性。比如，日光灯每秒大约熄灭100余次，但我们基本观察不到它的闪动。利用这一原理，将一组静态图片在一幅图还没有消失前播放下一幅，就会给人眼造成一种流畅的视觉变化效果，这就形成了动画。

知识拓展

帧频是指每秒钟放映或显示的帧或图像的数量，通常以“每秒帧数”（fps，frames per second）来表示。帧频在电影、电视或视频的同步音频和图像中扮演着重要角色，它确保了视频内容的流畅度、同步性和行业兼容性。一段视频如果每秒钟播放的帧数越多，在用户看来视频的播放就越流畅。过低的帧频会导致播放时断时续。动画中的帧频是指每秒播放多少帧动画，一般最多每秒120帧，常见的帧频有24 fps、25 fps、30 fps等。

一般来说，人眼的识别极限大约在220 fps。这意味着，当帧频超过这个数值时，人眼可能就无法分辨出每一帧的细微差别了。

二、动画的分类

1. 手绘动画和电脑动画

从制作方式来分，动画可以分为手绘动画和电脑动画。手绘动画主要采用手绘的方式在不同材料上制作动画，如赛璐珞动画、传统手绘纸质动画等；电脑动画则是使用计算机技术来制作的动画。

2. 逐帧动画和补间动画

电脑动画在计算机技术制作中按帧的产生方式可以分为逐帧动画和补间动画两种。逐帧动画的每个帧画面都由制作者手动完成，计算机逐帧动画与传统动画的原理几乎是相同的；在补间动画中，制作者只需完成首尾两个关键帧的画面，中间过渡的画面由计算机通过各种插值方法计算生成。

3. 二维动画和三维动画

从动画的表现形式来分，可以分为二维动画和三维动画。二维动画是使用手绘或计算机图形技术来创建平面图像，适用于制作卡通、漫画、广告等；三维动画是使用三维建模和渲染技术来创建立体图像，适用于制作电影特效、游戏动画等。如图 5-1-20 所示为电动汽车的三维动画图像。

图 5-1-20　电动汽车的三维动画图像

4. GIF 动画

GIF 动画是指使用专门的动画制作工具或者采用逐帧拍摄对象的方法，让多个 GIF 图片按一定规律快速、连续播放的运动画面。GIF 动画在网页设计中广泛应用，因为它们可以在网页上实现简单的动画效果，同时不会消耗太多的带宽和处理资源。此外，GIF 动画也常用于社交媒体、聊天应用等平台，可在互动中增添趣味性。

三、常用动画制作软件

1. Adobe Animate

Adobe Animate 是一款二维动画制作软件，它支持多种文件格式，提供了丰富的绘图工具、动画编辑功能和声音编辑工具，可以满足专业或个人动画制作者的需求。

2. 3ds MAX

3ds MAX 是基于 PC 系统的专业 3D 建模渲染和制作软件，广泛应用于娱乐行业的三维动画、模型、交互式游戏和视觉效果制作。

3. Gif Animator

Gif Animator 是一款 GIF 动画制作软件，该款软件内置多种特效，并可将 AVI 影视文件转换成 GIF 动画文件，还能使 GIF 动画中的每帧图片最优化，同时减少文件的大小。

4. 万彩动画大师

万彩动画大师是一款 MG 动画视频制作软件，它内置有大量素材，用户只需简单的操作，即可制作企业宣传动画、动画广告、营销动画、多媒体课件、微课等。

5. 美图秀秀

美图秀秀是一款影像处理软件，它操作简单，能帮助用户轻松地对图片进行各种处理，也具备动画制作功能，可以制作简单的动画。

此外，还有秀展网、PowToon、Sellamations 等在线动画制作平台。不同软件各有特点和适用场景，具体选择哪一款取决于用户的制作需求和个人喜好。

任务分析

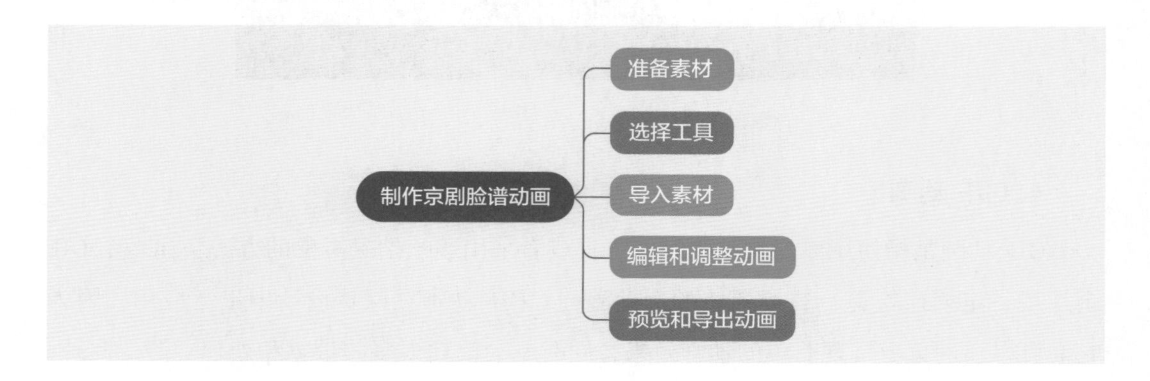

任务实践

下面我们就跟小信一起，完成京剧脸谱动画的制作。

1. 准备素材

制作 GIF 动画时要尽量选用具有同样背景的图片，这样按照特定的顺序和时间间隔播放这些图片时，就可以更好地实现想要表达的效果。我们先在素材库中选取素材，如图 5–1–21 所示。

2. 选择工具

制作 GIF 动画的软件有很多，本任务我们使用美图秀秀的“GIF 制作”功能来完成。

图 5-1-21 选取素材

3. 导入素材

打开美图秀秀，单击下方的“更多工具”，展开后找到“GIF 制作”。接着按照图 5-1-22 的操作步骤，即可完成素材的导入。

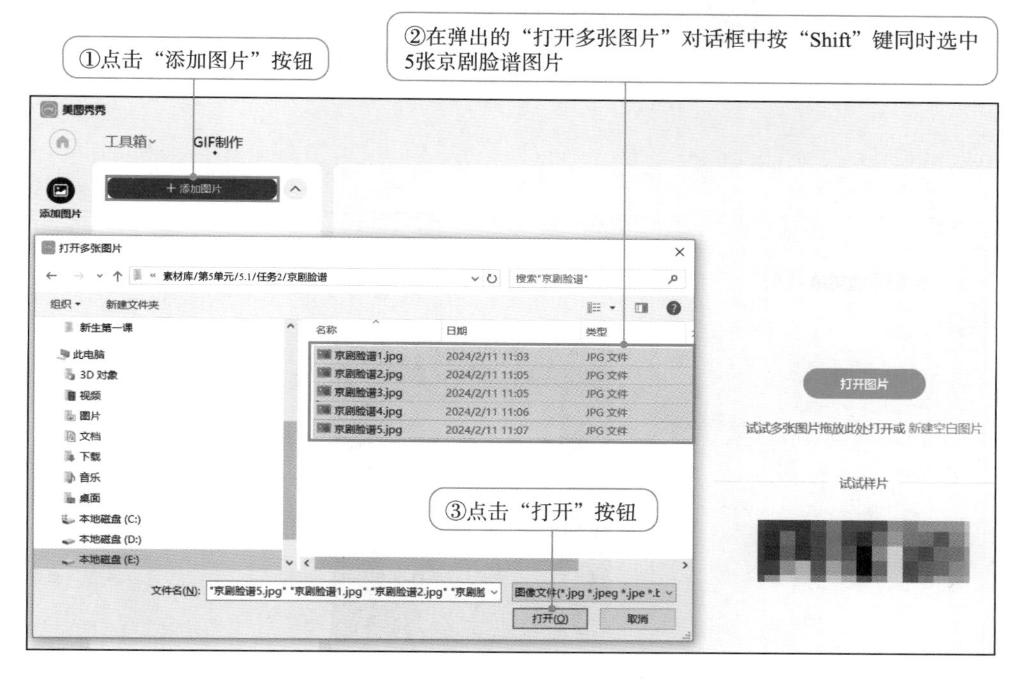

图 5-1-22 导入素材

以上是批量导入素材的方法。如果后期还需要添加素材或删除误添加的素材，操作方法如图 5-1-23 所示。

4. 编辑和调整动画

接下来我们可以对导入的素材进行各种编辑和调整，包括裁剪、缩放、旋转、添加文字、添加特效等。此外，还可以设置每帧的播放时间和动画的循环次数。

美图秀秀的“GIF 动画”功能比较简单，可以按如图 5-1-24 所示的步骤进行操作。

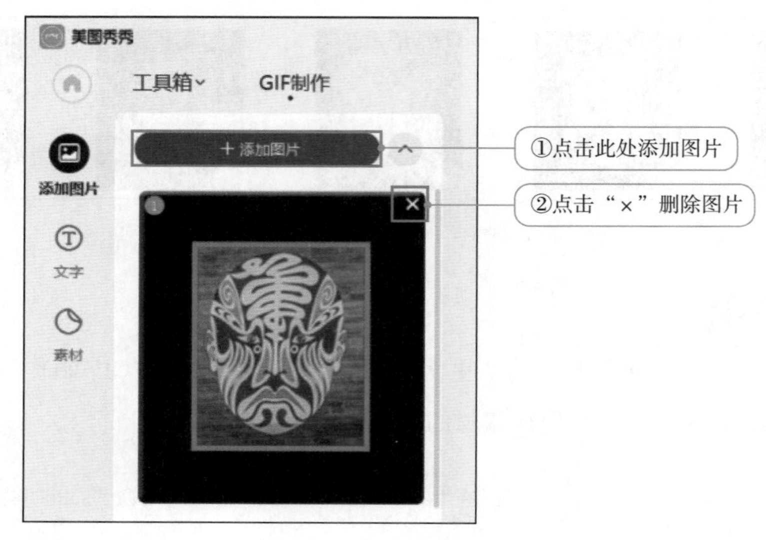

图 5-1-23　添加和删除素材

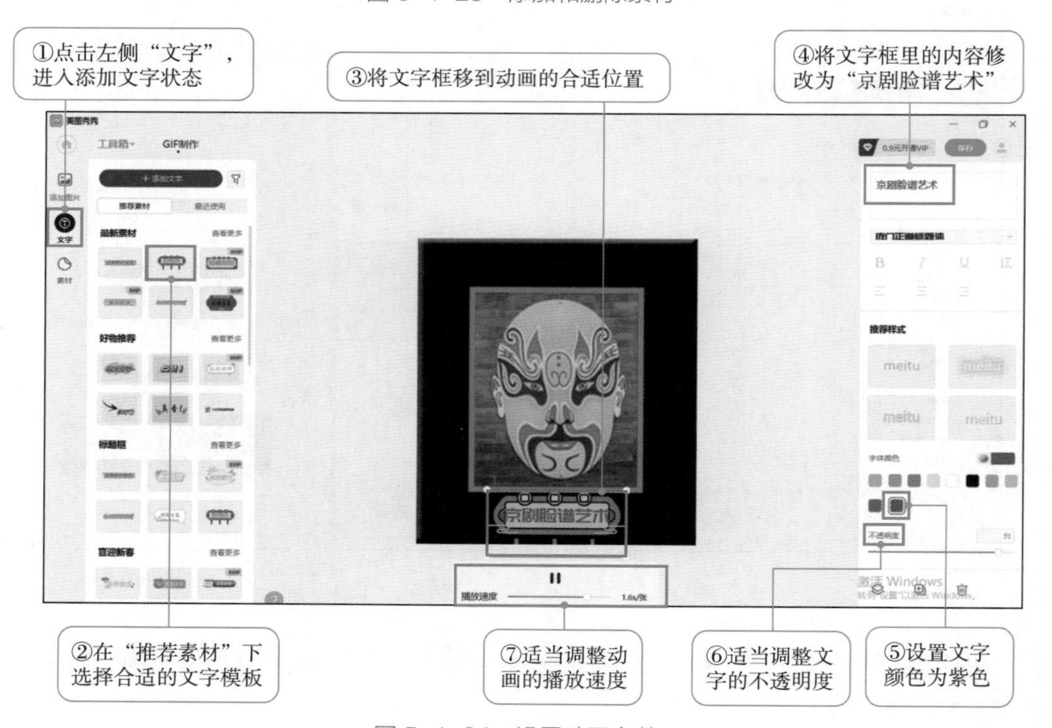

图 5-1-24　设置动画参数

知识拓展

动画的播放速度主要与帧频有关。帧频越高，动画的播放速度就越快，反之则越慢。

在美图秀秀中我们通过调节每张图片播放的时间来调节动画的播放速度。每张图片的显示时间越短（帧间隔越短，帧频越高），动画播放速度就越快。

5. 预览和导出动画

在对素材编辑完成后，就可以预览动画效果了。当对动画效果不满意时，可以重复上面的步骤进行调整、修改，直至满意。最后将其导出为 GIF 格式的文件。

在导出前，选择合适的保存文件夹，并更改文件名，操作步骤如图 5-1-25 所示。

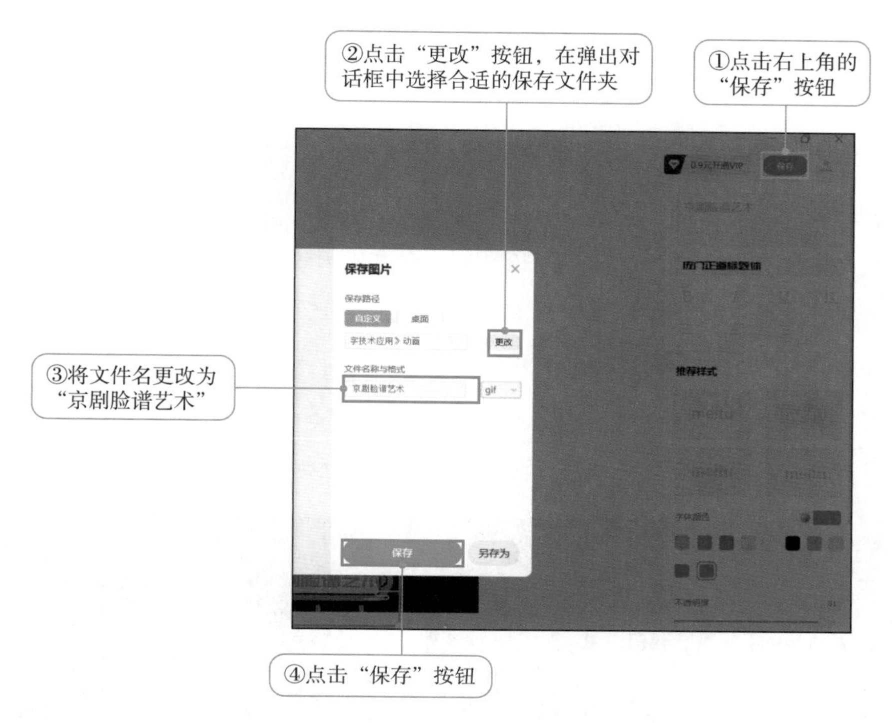

图 5-1-25　导出动画

巩固提高

小信作为此次活动宣传组的成员，用美图秀秀制作了京剧脸谱艺术的 GIF 动画。你也可以挑战使用 Adobe Animate 软件来完成。试着比较一下两种软件制作的相同点和不同点。

> 提示：用 Adobe Animate 制作 GIF 动画时，可以分为两个图层：一个图层上每 5 帧放一幅脸谱图片，另一个图层第一帧上用文字工具写上说明文字，设置为显示到最后一帧即可。

任务 3　制作短视频

任务描述

书法是一种文字美的艺术表现形式，是我国特有的一种传统艺术。书法植根于中国传统文化土壤，闪耀着古代文人的智慧光芒。它不仅是文字的书写艺术，更是中华民族的文化瑰宝。甲骨文、金文、小篆、隶书、楷书、行书、草书等不同书体，不仅代表着中国文字的发展历程，而且蕴含着丰富的文化内涵。恰逢学校举办中华优秀传统文化艺术作品展，小信准备使用剪映为其中的书法板块制作一段小视频，制作完成的界面如图 5-1-26 所示。制作好的视频参见“素材库 / 第五单元 /5.1/ 任务 3/ 书法艺术宣传.mp4”。

图 5-1-26　使用剪映制作书法艺术宣传视频

知识储备

在正式制作小视频前，让我们先来了解一下常用的视频编辑软件，并熟悉关于数字视频的一些基本概念。

一、常用视频编辑软件

常用的视频编辑软件主要有Adobe Premiere、Adobe After Effects、会声会影、快剪辑、剪映等。

1. Adobe Premiere

Adobe Premiere是一款功能强大的专业视频编辑软件，广泛应用于电影、电视和网络视频的后期制作。它提供了丰富的剪辑工具、特效和音频处理功能，支持多轨道编辑、颜色校正和音频混合等，能完全满足专业用户的各种要求。

2. Adobe After Effects

Adobe After Effects是一款专业的视频特效和动画软件，常常与Premiere Pro配合使用。它比较侧重于视频的效果加工和后期包装，是视频后期合成处理的专业非线性编辑软件。

3. 会声会影

会声会影不仅具备图像抓取功能，还拥有100多种编辑功能与特效，可与专业级的视频剪辑软件媲美。其简洁明快的界面和简单易懂的操作方式，使得它非常适合大众使用。

4. 快剪辑

快剪辑是国内首款在线视频编辑软件，其功能齐全，操作便捷，可以在线进行剪辑操作。

5. 剪映

剪映是一款支持在手机端和电脑端使用的视频编辑软件，其界面设计简洁直观，具有视频剪辑、调色、字幕、配乐、滤镜等多种功能。它还支持云端同步，用户可以直接将编辑好的视频分享至抖音等平台。

二、数字视频的基本概念

在制作数字视频时，我们会接触到一些专业的名词术语，如帧频、视频分辨率、码率等，它们具体表示什么意思呢？

1. 帧频

在上一任务中，我们已经学习了帧频的基本概念，知道它的单位为fps，可以理解为图形处理器每秒钟能够刷新几次。要生成平滑连贯的动画效果，帧频一般不小于 8 fps。电影的帧频一般为 24 fps。帧频越高，视频画面越流畅，但视频文件所占用的空间也会越大。

2. 视频分辨率

视频分辨率通常以“水平像素数 × 垂直像素数”的形式表示，即视频在水平方向和垂直方向上的像素数量。视频分辨率决定了视频图像的清晰度和细节表现能力。

3. 码率

码率也称比特率，是指视频传输时每秒传送的比特数（bit），单位为 bps。码率越高，传送的数据量越大，画质也就越清晰。当网络带宽足够高时，码率可以设高一些，这样不仅可以减少用户的等候时间，也能保证视频播放的连续性。码率与视频分辨率没有直接关系。

4. 标清、高清、全高清、2K、4K

在数字技术领域，通常采用二进制数运算，并且用构成图像的像素来描述数字图像的大小。由于构成数字图像的像素数量巨大，通常以 K 来表示：$1K=2^{10}=1\ 024$，$2K=2^{11}=2\ 048$，$4K=2^{12}=4\ 096$。不同的画面品质对应的视频分辨率见表 5-1-2。

表 5-1-2 视频分辨率与画面品质

视频分辨率	画面品质	适用场所
320×240	较低分辨率	简单的视频通话或在移动设备上播放
640×480 720×480 720×576	标清（SD）	网络视频或简单的视频编辑
1 280×720	高清（HD）	大多数高清视频和电视节目
1 920×1 080	全高清（FHD）	高清电视广播、蓝光光盘、高端显示设备，以及一些视频制作和播放平台
2 048×1 080 2 560×1 440	2K（高于 1 080 为 UHD）	在高端电视、计算机显示器和手机屏幕上播放
3 840×2 160 4 096×2 160	4K（UHD）	在电影制作和高端显示设备中较为常见

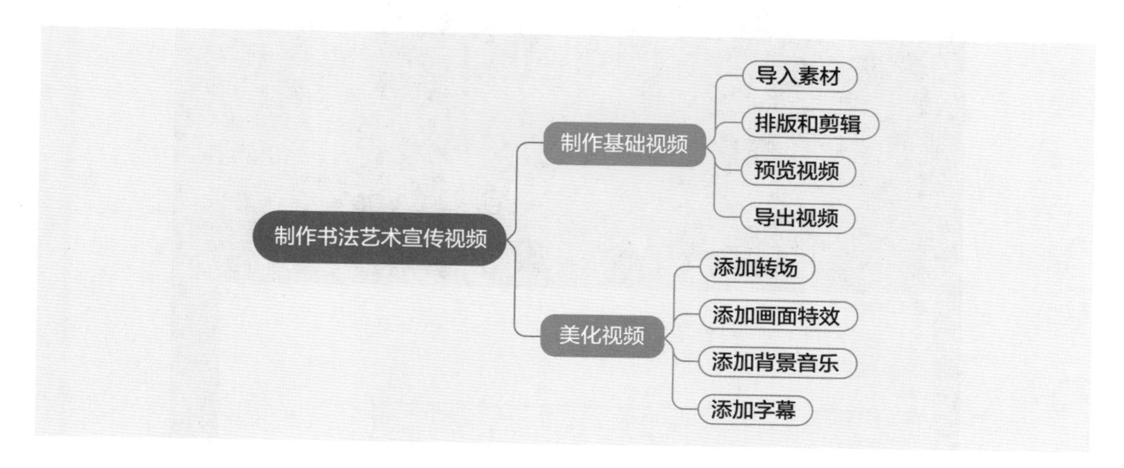

这个任务小信准备使用剪映来制作，大致可以分为两步：先制作一个基础视频，之后再对其进行美化，添加转场、画面特效、背景音乐和字幕等。

1. 制作基础视频

（1）导入素材。双击桌面上的剪映专业版图标，运行剪映软件。单击正中“开始创作”，进入视频编辑界面，先导入图片素材（参见“素材库 / 第五单元 /5.1/ 任务 3”），操作步骤如图 5–1–27 所示。导入后，这些图片素材会出现在软件的素材库中。

用同样的方法导入其余视频素材：“书法 – 斗.mp4”“书法 – 法.mp4”“书法 – 泰.mp4”。素材全部导入后的素材库如图 5–1–28 所示。

（2）排版与剪辑。在导入素材后，可以通过拖动时间线上的光标选择要剪辑的片段，并使用工具栏上的按钮来进行剪切、拼接、复制和粘贴等操作。

1）增删素材。在视频剪辑中如果发现素材缺失，可以再继续追加素材；如果发现有误导入的素材，可以右击不需要的素材，在弹出的快捷选项中选择“删除”，如图 5–1–29 所示。

2）调整顺序。小信设计了素材的排版顺序，依次是“书法 1.jpeg”“书法 2.jpeg”“书法 – 法.mp4”“书法 – 泰 .mp4”“书法 – 斗.mp4”“书法 3.jpeg”“书法 4.jpeg”。依次单击素材面板中素材右下角的加号，或者直接将素材拖拽到时间线面板中，调整好素材顺序。

如果素材排版顺序错误，可以选中时间线上的素材，通过拖动的方式调整其顺序。

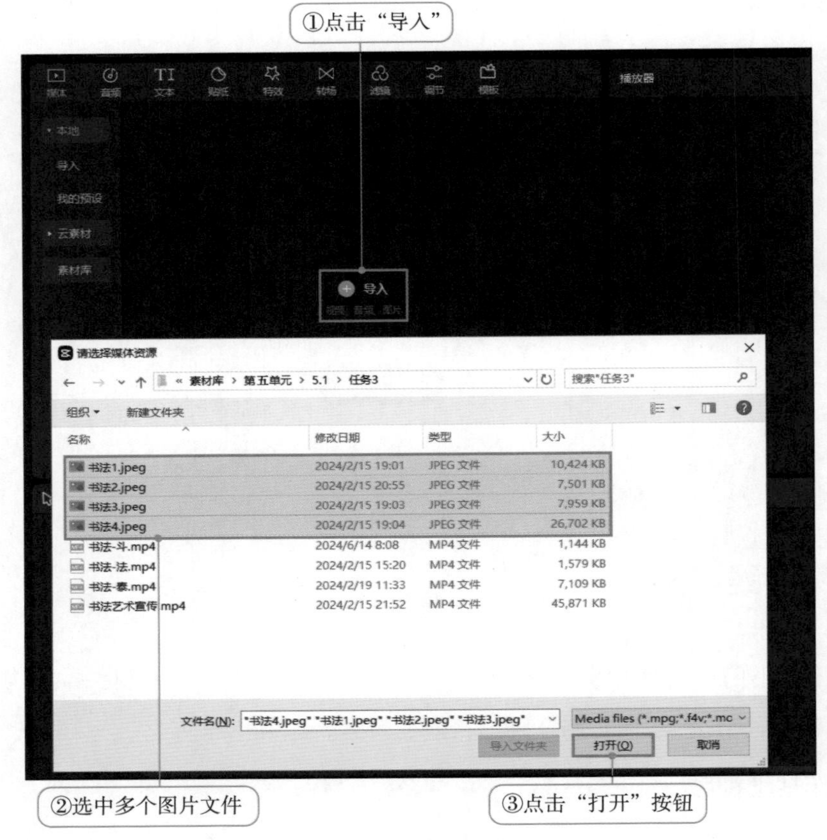

图 5-1-27　导入素材

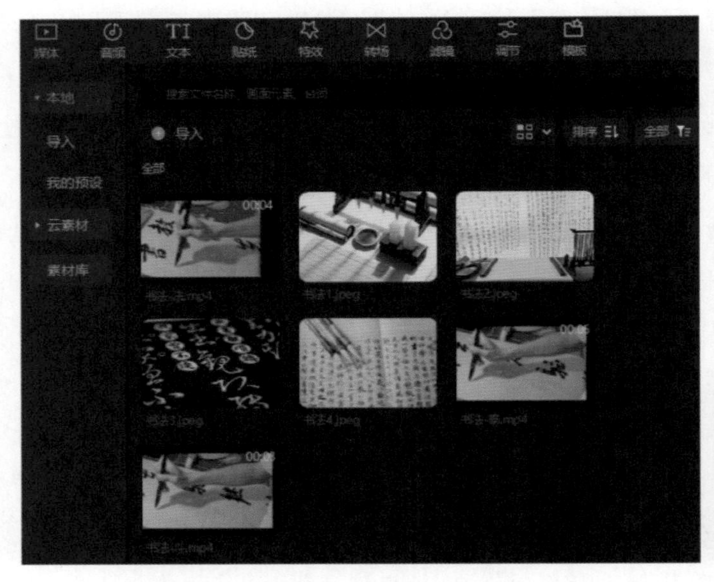

图 5-1-28　素材全部导入后的素材库

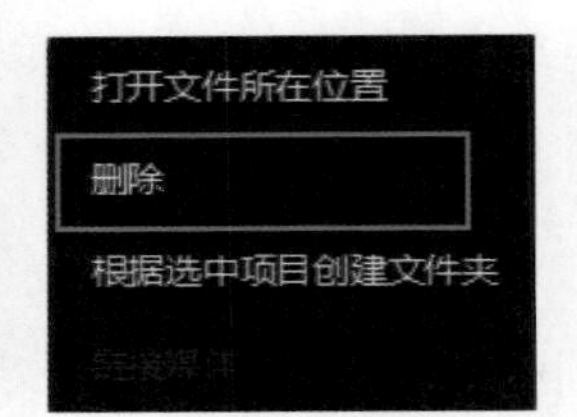

图 5-1-29　素材的删除

3）剪辑分割。在时间线上，我们可以对视频进行剪辑操作，如切割、拼接、删除等。将时间线上的播放针拖动到“书法－泰.mp4”的 00:00:21:19 处，单击“分割”按钮，如图 5-1-30 所示，在 00:00:23:20 处再操作一次。这样，“书法－泰.mp4”素材就被分割成了三段，我们将中间一段选中，按键盘上的“delete”键删除。

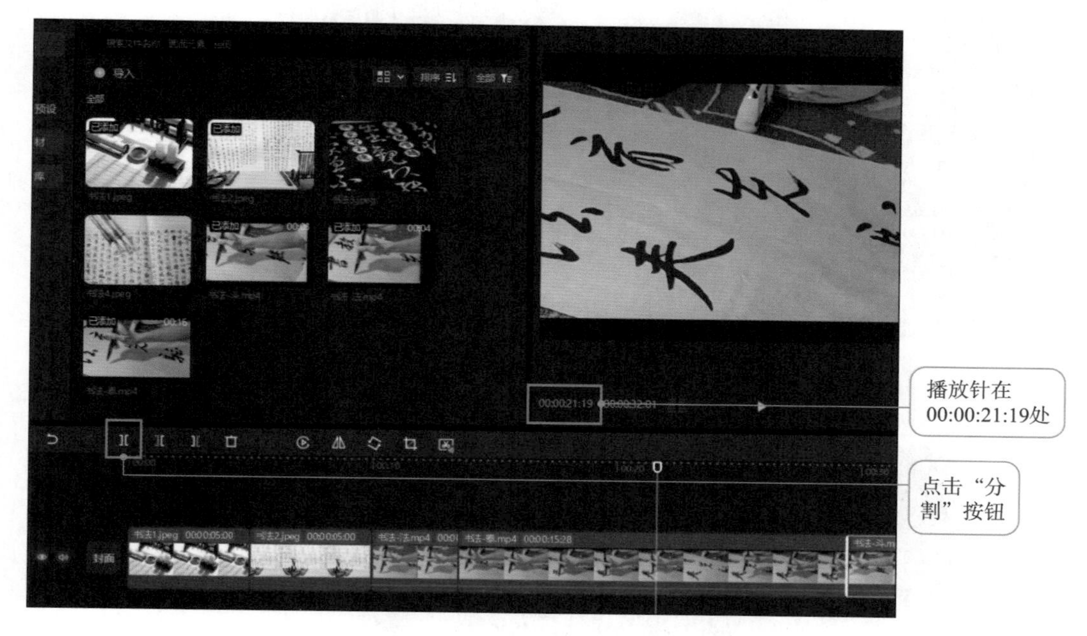

图 5-1-30　在时间线上分割素材

4）变速处理。视频素材“书法－泰.mp4”的节奏与另外两个视频素材相比偏慢，为了整体节奏的一致性，我们可以用鼠标选中时间线上分割后的两个素材，将变速倍数从 1.0 调为 2.0。操作步骤如图 5-1-31 所示。

5）删除素材原声。视频素材中可能包含一些与主题不符的片段或杂音，可以使用“分离音频”功能，将原声和视频分离后，再将其删除，如图 5-1-32 所示。

（3）预览视频。通过预览功能可以实时查看编辑后的视频效果，方便我们对视频进行调整和优化。

当我们想要预览视频中的特定部分，可以直接在时间轴上拖动播放进度条，在正中间的播放器区域就能够精确地预览到指定时间段的视频内容。

按下“Ctrl+Shift+F”组合键，剪映进入全屏模式。通过敲击空格键，可以进行视频的播放和暂停操作。若想退出全屏模式，按下“Esc”键即可。

当然，我们也可以在导出后使用其他播放器进行预览，以查看视频在不同设备和平台上的表现效果。

图 5-1-31　在时间线上对素材进行变速处理

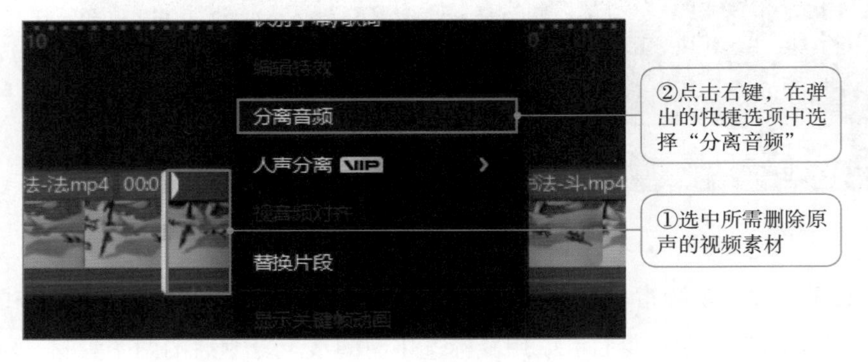

图 5-1-32　在时间线上对视频素材进行原声分离

实用技巧

剪映提供了很多快捷键，可以提高视频编辑的效率和便捷性，帮助用户更加快速、准确地完成各种编辑操作。通过熟练掌握和运用这些快捷键，用户可以提升自己的视频编辑能力，创作出更加出色的作品。在剪映编辑页面右上角“导出”的左边有一个“ ”快捷键按钮，单击后会弹出快捷键查询总表，可以按需选用。

（4）导出视频。在完成基本剪辑后，我们可以将制作好的视频导出，操作步骤如图 5-1-33 所示。

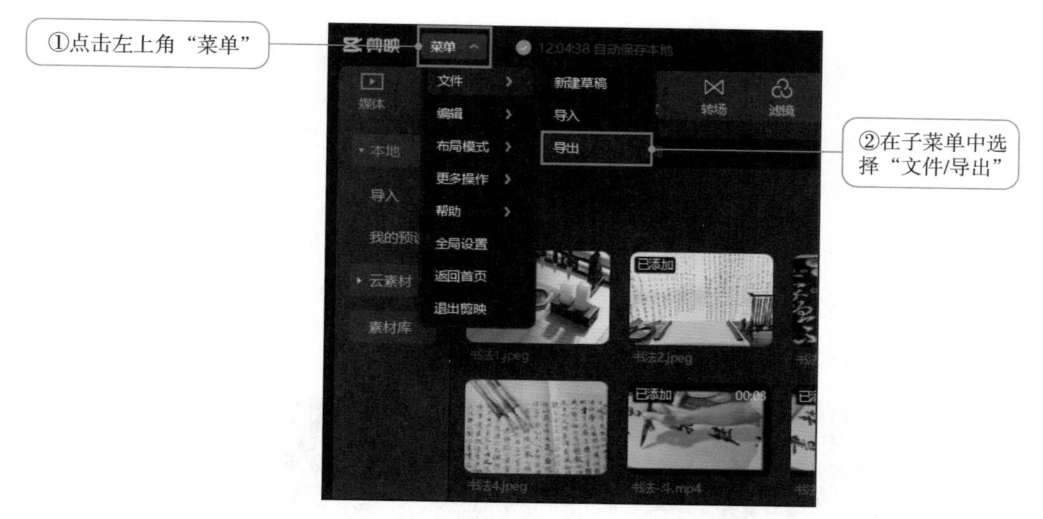

图 5-1-33　导出视频

在弹出的导出窗口中修改导出视频名为“书法艺术宣传”，并修改保存路径，其他选项可以根据自己的需求修改或者不改动，直接导出即可。

以上我们就完成了对若干个图片和视频素材的基本整合，制作了一个短视频作品。视频的基本编辑和美化制作是视频制作过程中密不可分的两个重要环节。为了使视频更加生动、有趣，能够吸引观众的注意力，提升视频的视觉效果和听觉体验，我们还需对刚才制作的基础视频进行视觉和听觉上的增强和优化，包括添加转场、画面特效、背景音乐和字幕等。

知识拓展

剪映支持多种视频导出格式，以满足用户在不同平台和设备上的需求。以下是一些常见的导出格式及其特点。

MP4： MP4 是一种被广泛使用的视频格式，具有较高的兼容性和较好的压缩效果。它适用于大多数播放器和设备，包括计算机、手机和电视等。

MOV： MOV 通常用于苹果品牌设备上视频的编辑和播放。它具有较高的清晰度和画质，但文件较大。

AVI： AVI 是一种将音频和视频数据交织在一起的文件格式。它通常用于 Windows 平台上的视频编辑和播放，支持多种视频和音频编码。

FLV： FLV 是一种专为在线视频流设计的格式。它具有较小的文件大小和快速的加载速度，非常适合用于在线视频平台。

M4V： M4V 主要用于 iTunes 商店中购买的或租用的电影和电视节目，它可以在苹果设备上无缝播放，如 iPhone、iPad 和 Mac 等。

F4V： F4V 是基于 Flash 技术创建的。虽然 F4V 文件通常以 FLV 为后缀，但实际上它们是 F4V 格式的文件。

RMVB：相较于更早一代的RM格式，RMVB在保持一定清晰度的同时，提供了更好的压缩率，因此文件大小通常更小。

2. 美化视频

（1）添加转场。一段视频一般会由多张图片或多个视频素材组成，为了使素材之间的过渡更加自然、流畅，增强视频的视觉效果，使其更加生动、有趣，可以通过添加转场来实现。操作步骤如图5-1-34所示。

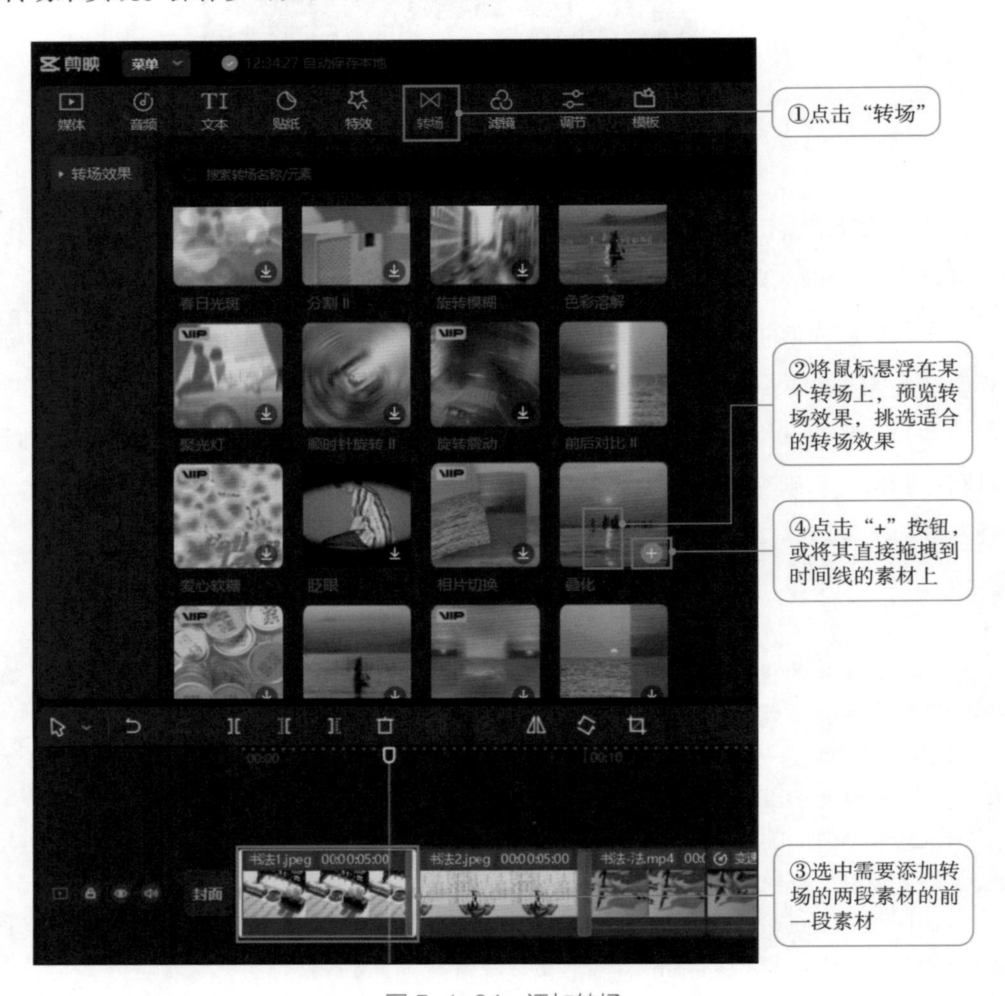

图5-1-34　添加转场

需要注意的是，转场的使用应当适度，避免过于频繁或花哨的转场效果，以免分散观众的注意力或影响视频的观感。在本视频编辑中，我们全部使用“叠化”效果。

（2）添加画面特效。使用画面特效可以创作出更具吸引力、感染力和艺术性的视频作品。单击“特效”，选择“画面特效”，在搜索框中输入“开幕”，添加“擦拭开幕”画面特效。操作步骤如图 5-1-35 所示。

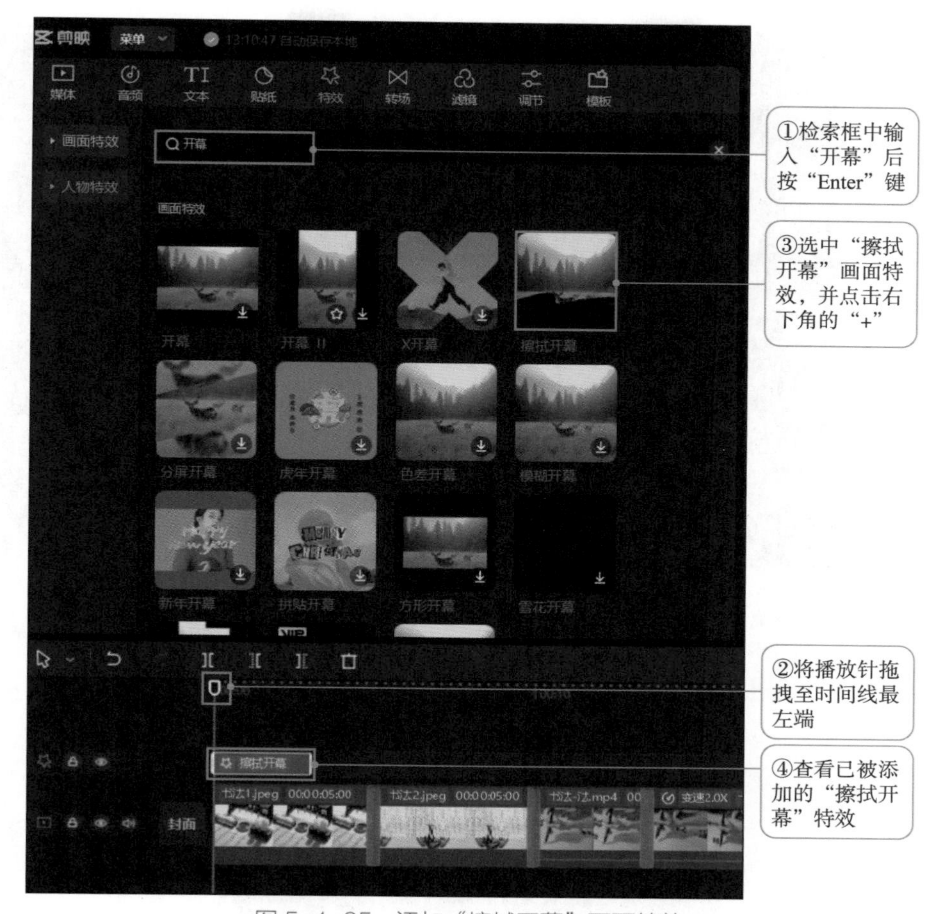

图 5-1-35　添加“擦拭开幕”画面特效

按照上面的方法，继续在视频中添加“放大镜”和“闭幕”的画面特效。

（3）添加背景音乐。为了增强视频的情感表达力，使观众更容易产生共鸣，添加与画面内容相符的音效、背景音乐是不可或缺的。剪映提供了丰富的音乐库，我们可以为视频添加音效或背景音乐。单击“音频”，选择“音乐素材”，在搜索框中输入你想添加的音乐名称，为视频添加背景音乐，操作步骤如图 5-1-36 所示。

为了避免音频突然开始或结束带来的突兀感，我们可以选中音频后，在界面右侧选中“声音效果”，适当拖拽淡入和淡出的时长，使音频与视频内容更加协调，如图 5-1-37 所示。

（4）添加字幕。为了让观众更容易地捕捉到重要的细节和情节，从而更好地理解视频的主题和意图，也为了增添更多的艺术元素和视觉效果，提高观众的观赏体验，我们为视频添加上字幕。

图 5-1-36 添加背景音乐

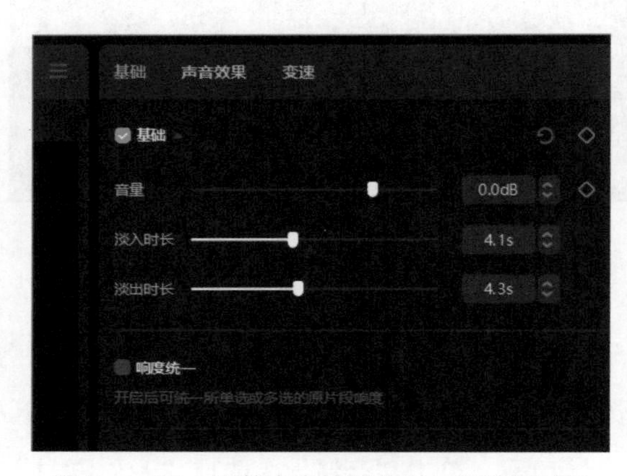

图 5-1-37 调整声音的淡入时长和淡出时长

1）添加智能字幕。对于大段字幕的录入，可以通过添加智能字幕来提高字幕录入效率。操作步骤如图 5-1-38 所示。

检查自动匹配后的文字字幕，进行适当微调，之后选中字幕，在屏幕右上角单击“文本”，添加“气泡”和“花字”效果进行美化，如图 5-1-39 所示。为了统一效果，可以勾选“文本、排列、气泡、花字应用到全部字幕”。如需要单独修改个别字幕，可取消勾选。

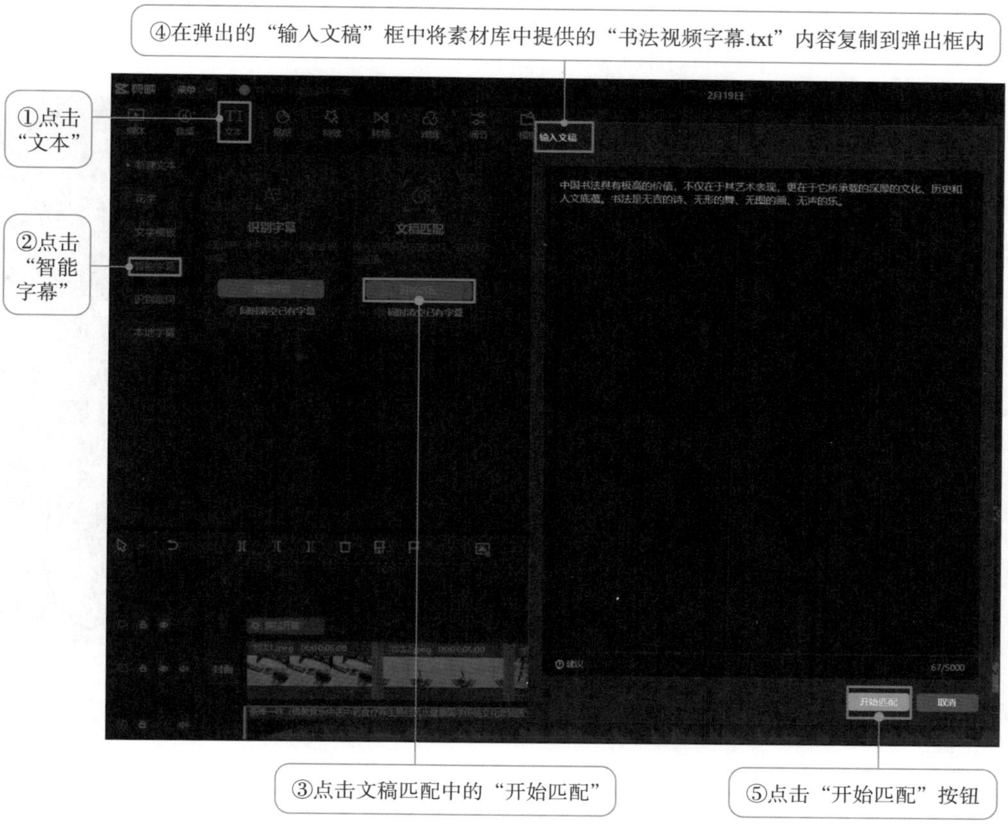

④在弹出的“输入文稿”框中将素材库中提供的“书法视频字幕.txt”内容复制到弹出框内

①点击“文本”

②点击“智能字幕”

③点击文稿匹配中的“开始匹配”

⑤点击“开始匹配”按钮

图 5-1-38　添加智能字幕

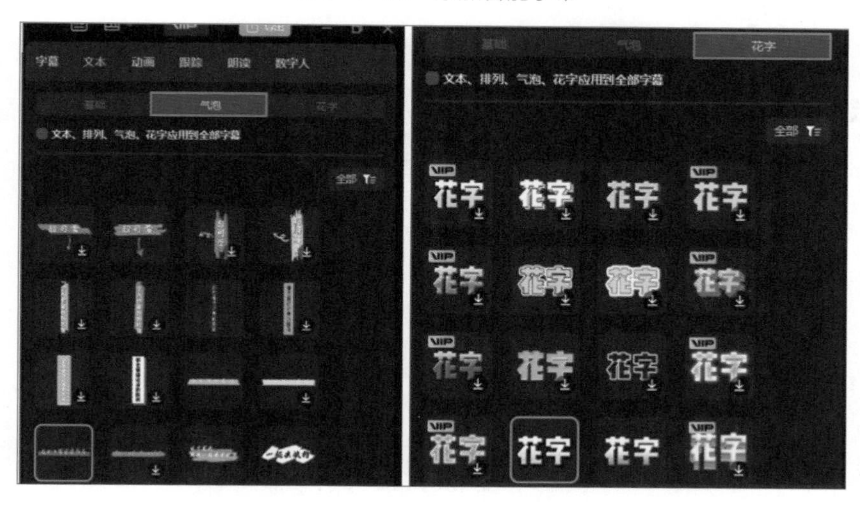

图 5-1-39　字幕的美化

2）添加片头字幕。片头字幕的设计应当简洁明了，避免过于冗长或烦琐，以免干扰观众的观看，且应当与视频的整体风格和主题相协调，以达到最佳的观赏效果。操作步骤如图 5-1-40 所示。

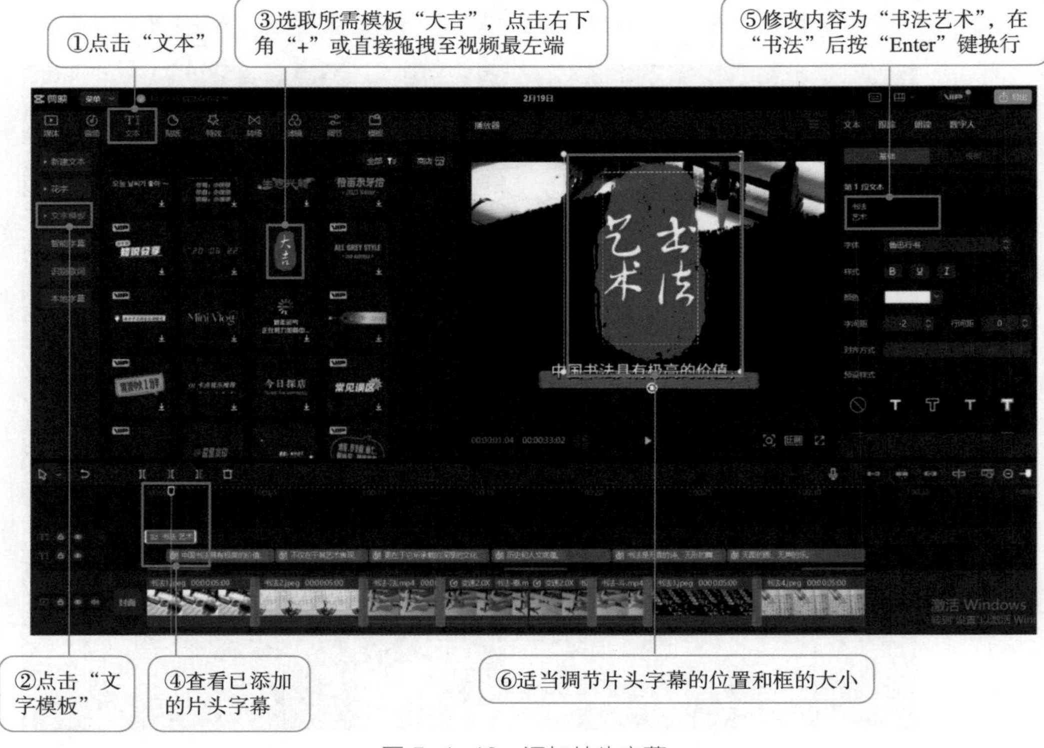

图 5-1-40　添加片头字幕

巩固提高

在本任务中，小信为视频添加了背景音乐和字幕，你是否可以尝试为这段视频添加上旁白？旁白的内容可以是字幕的内容，也可以由你重新撰写，最后将成品发布到班级群里。

拓展与探究

转换文件格式

文件格式转换指的是将一个文件从原有的格式转换成另一种格式，能够帮助用户解决不同软件和设备之间的兼容性问题，优化文件大小和质量以适应各种需求，同时也满足某些专业、法律或知识产权保护的要求，从而实现文件的无缝传输和使用。

1. 文件格式转换的重要作用

一是提高可用性。某些格式更适合于特定的用途，如阅读、编辑或分享。通过转换，可以选择最适合当前需求的文件格式。

二是增强兼容性。不同的软件或设备可能对文件格式有不同的支持程度。转换为更广泛支持的格式可以确保文件在不同平台上无障碍使用。

2. 文件格式转换的方法

（1）使用办公软件的导出功能。以 Office 办公软件为例，可以在导出选项中选择需要转换的文件格式，如 PDF 文件、纯文本文件等。

（2）使用专业格式转换软件。以格式工厂为例，可以在软件提供的选项中选择需要转换成的文件格式，如图 5-1-41 所示。

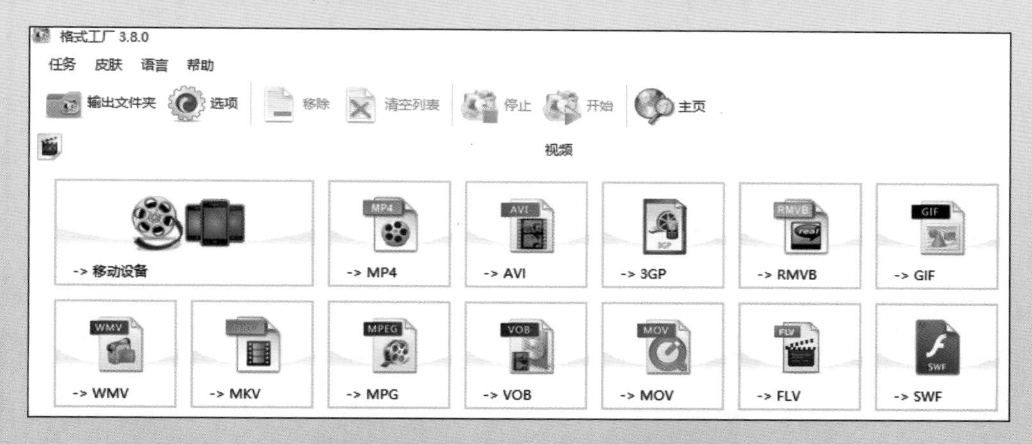

图 5-1-41　格式工厂提供的输出格式

最后需要注意的是，在进行文件格式转换时，务必确保操作的正确性和文件的安全性，以免造成不必要的数据损失。

5.2 设计演示文稿作品

演示文稿，通常也被称为幻灯片或PPT，它由一系列设计好的幻灯片组成，每一张幻灯片可以包含文字、图片、图表、动画、视频等多媒体元素，能帮助演讲者更有效地传达信息，广泛应用于商务演示、教育培训、会议报告等场合。

学习目标

1. 熟悉 PowerPoint 的界面和基本功能。
2. 会创建演示文稿和应用模板。
3. 熟练掌握主题和版式。
4. 会添加页面切换和动画效果。
5. 了解 SmartArt。
6. 会在演示文稿中运用超链接。

任务1　创建与编辑演示文稿

任务描述

宣纸作为中国传统的书写和绘画材料，具有悠久的历史和独特的工艺。它采用纯天然的原材料，经过多道工序制作而成，具有吸墨性好、不易变色等特点，深受广大书法家和画家的喜爱。在当今社会，随着科技的发展，许多传统工艺已经逐渐被现代化的机器所替代，但在宣纸的制作过程中，每道工序仍需匠人精湛的手艺和经验，机器无法替代。小信和同学们一起去博物馆参观了宣纸制作，了解了选料、制浆、晒纸等手工工序后，深感宣纸传统制作技艺的传承和发展对于保护和弘扬中华优秀传统文化具有重要意义。为此，她决定将当日的参观收获记录下来，并制作一个简易的演示文稿留作纪念。小信制作好的演示文稿如图 5-2-1 所示（参见“素材库 / 第五单元 / 5.2/ 任务 1/ 宣纸传统制作技艺参观记录.ppt”）。

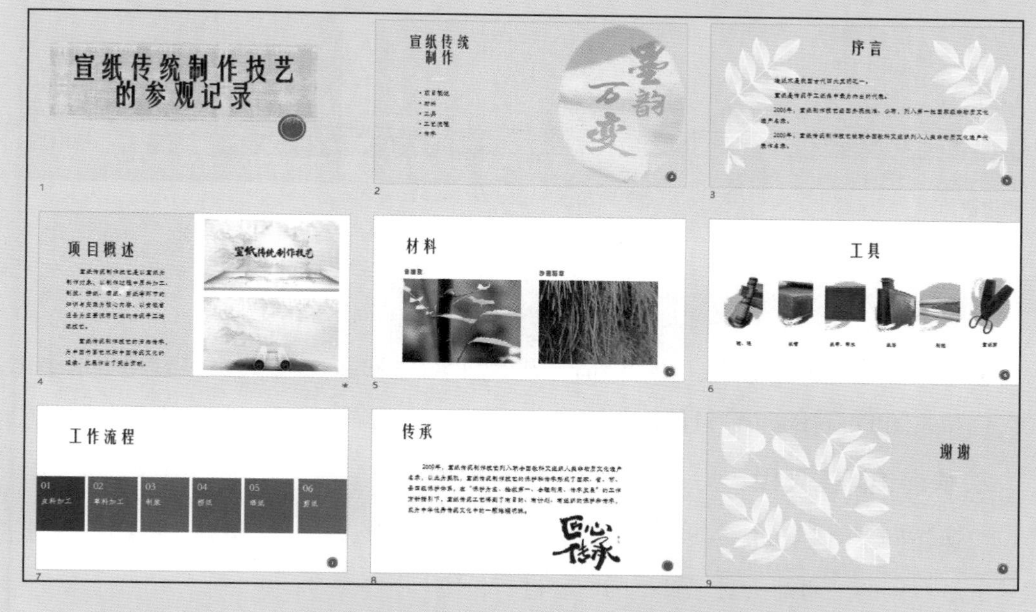

图 5-2-1　宣纸传统制作技艺参观记录演示文稿

知识储备

在正式制作演示文稿前，我们一起来熟悉一下 PowerPoint 的操作界面和基本功能，了解制作幻灯片时需要使用到的主题、版式，以及编辑幻灯片的基本方法。

一、PowerPoint 的操作界面和基本功能

启动 Powerpoint 2021 后，系统会自动新建一个空白演示文稿，其操作界面由标题栏、快速访问工具栏、功能区、工作区、侧边栏、状态栏、视图栏等部分组成，如图 5-2-2 所示。

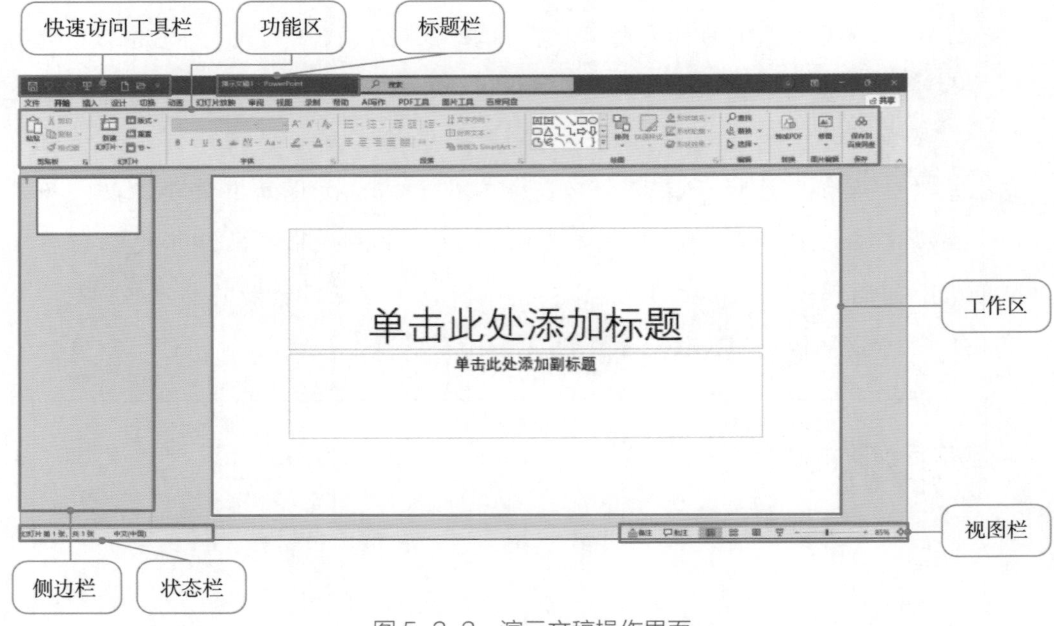

图 5-2-2　演示文稿操作界面

1. 标题栏

标题栏位于窗口的顶部，显示当前打开的演示文稿的名称，这里也有用于最小化、最大化和关闭 PowerPoint 窗口的控制按钮。

2. 快速访问工具栏

快速访问工具栏包含一些常用的命令按钮，如新建、打开、保存、打印等，可通过单击最右侧的三角箭头对工具栏的内容进行设置。

3. 功能区

功能区是界面中的一个重要部分，位于标题栏下方，包含多个选项卡，每个选项卡下又有多个命令组。这些命令组集合了 PowerPoint 的大部分功能，包括文件、开始、插入、设计、切换、动画、幻灯片放映、审阅、视图等菜单项，使用户能够方便地进行演示文稿的创建、编辑、格式化和展示。

4. 工作区

工作区是用户进行演示文稿编辑和创建的主要区域，占据了 PowerPoint 操作界面的大部分空间，用于编辑和显示演示文稿内容。

5. 侧边栏

侧边栏位于界面的左侧，在这个区域中，用户可以看到当前演示文稿中所有幻灯片的缩略图，这些缩略图按照它们在演示文稿中的顺序排列。用户可以通过单击幻灯片窗格中的缩略图来快速切换到相应的幻灯片，从而方便地进行编辑和查看。

6. 状态栏

状态栏位于界面的最底部，用于显示当前幻灯片的状态信息，如页数、字数等。

7. 视图栏

视图栏用于在不同的视图模式之间切换，如普通视图、幻灯片浏览视图、幻灯片放映视图等，用户可以根据需要选择最适合的编辑和查看演示文稿的方式。

二、演示文稿的基本单元——幻灯片

幻灯片是演示文稿的基本构成单元。演示文稿中的每一页就是一张幻灯片，通常包含标题、文字、图像和动画等。每张幻灯片都是演示文稿中既独立又相互联系的内容。

1. 新建幻灯片

我们可以通过单击工具栏上的“新建幻灯片”按钮，或在现有的幻灯片上右击，选择“新建幻灯片”，来添加新的幻灯片。

2. 添加版式

幻灯片的版式是指幻灯片中内容的布局和排列方式，它决定了幻灯片的外观和风格。在 PowerPoint 等演示文稿制作软件中，通常提供多种预设的版式供用户选择，以满足不同场景和需求，如图 5-2-3 所示。我们可以在新建幻灯片时直接选择版式，也可以在侧边栏右击已有的幻灯片，在快捷键菜单中修改版式。

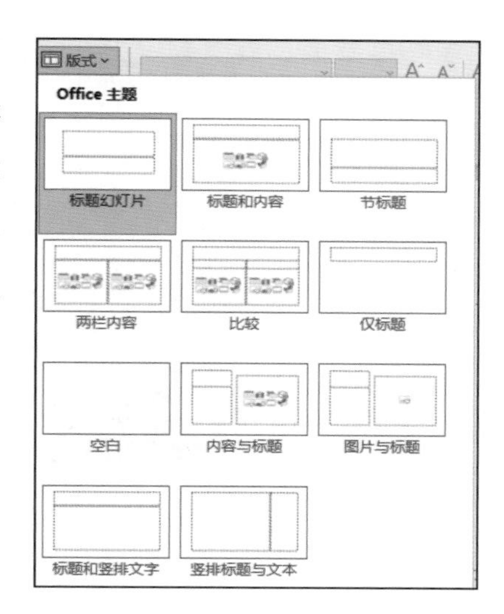

图 5-2-3　版式

（1）标题幻灯片。标题幻灯片通常用于演示文稿的开头，包含一个大的标题和副标题，以及作者信息。

（2）标题和内容。标题和内容包含一个标题和几个要点或段落，用于展示主要信息和内容。标题通常位于幻灯片的顶部或中央，而内容则分布在标题下方或旁边。

（3）图片与标题。图片与标题包含一张图片和与之相关的标题或说明文字。图片通常位于幻灯片的中央或上方，而标题或说明文字则位于图片下方或旁边。

除了以上几种常见的版式，还有许多其他版式可供选择。合理的排版和组织结构也是确保幻灯片易于理解和记忆的关键。

3. 添加基本素材

（1）添加文字。文字要在标题占位符或文本占位符中添加，一般版式中都会包含，可以直接在其中输入文字。如果是空白幻灯片，则要先插入文本框，再添加文字。

（2）添加图片。在功能区选择“插入/图像/图片”命令，即可添加图片。要选择与主题相关的高质量图片，同时注意版权问题。

（3）添加声音和视频。在功能区选择“插入/媒体/音频（视频）”命令，即可添加声音或视频。要注意声音和视频文件的文件格式和内容质量，同时确保使用的音频和视频文件合法合规。

三、使用主题

主题是预定义的一组颜色、字体和视觉效果，这些元素结合在一起，可以赋予演示文稿一个统一且专业的外观，同时也使我们能够更快速地设计出美观的幻灯片。PowerPoint 提供了多个内置主题，用户可以直接选择使用，也可以根据自己的需求对主题进行自定义，如图 5-2-4 所示。

图 5-2-4　PowerPoint 提供的主题

四、演示文稿的放映

制作演示文稿的目的是在网络、会议、课堂等场合上展示，可以通过单击功能区“幻灯片放映/从头开始”或“幻灯片放映/从当前幻灯片开始”命令放映幻灯片，如图 5-2-5 所示。此外，还可以在普通视图中单击右下角的“幻灯片放映”按钮，或是通过“F5”键或“Shift+F5”快捷键进行操作。

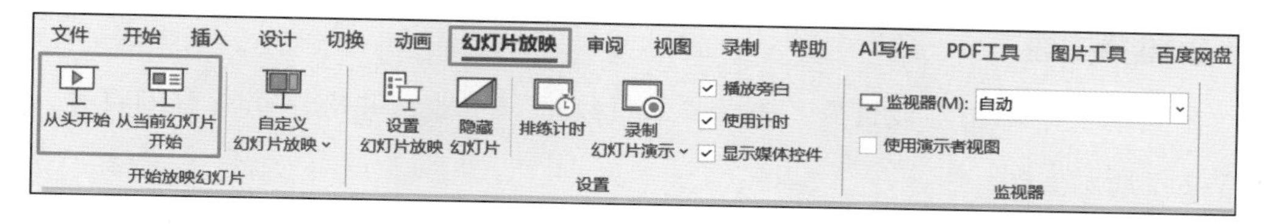

图 5-2-5　放映幻灯片

任务分析

任务实践

下面我们就跟小信一起，完成宣纸传统制作技艺参观记录演示文稿的制作。

1. 新建演示文稿

单击“文件 / 新建”，在检索框中输入“磨砂设计”，创建一个新的演示文稿，如图 5-2-6 所示。如果因版本或网络问题无法获得该模板，可使用素材库中提供的模板（参见“素材库 / 第五单元 /5.2/ 任务 1/ 磨砂设计演示文稿模板.pptx”）。

图 5-2-6　使用模板新建演示文稿

2. 选择主题

在菜单栏中单击“设计”，选择“木材纹理”主题，并应用于所有幻灯片，如图 5–2–7 所示。

图 5–2–7　选择主题

3. 调整版式

右击侧边栏中的第 1 张幻灯片，在弹出的快捷菜单中选择“版式 / 标题幻灯片”，则该幻灯片的原“标题”版式变为“标题幻灯片”版式，如图 5–2–8 所示。

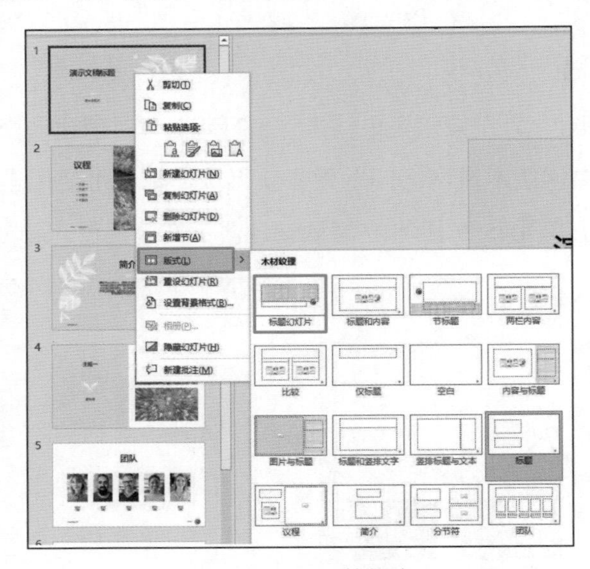

图 5–2–8　调整版式

4. 编辑幻灯片

先在侧边栏里删除第 5、第 6、第 7、第 11、第 12 张幻灯片。右击相应的幻灯片，在弹出的快捷菜单中选择“删除幻灯片”。

之后在侧边栏中将第 7 张幻灯片拖拽至第 4 张和第 5 张幻灯片之间。

最后参照样例，使用素材库中提供的文本素材“PPT 所需文本信息.docx”，编辑幻灯片内容。

除第 1 张幻灯片外，标题和副标题字体均为“方正姚体（标题）”，标题字号 54 号，副标题字号 20 号；内容部分字体均为“华文仿宋”，字号 20 号。对照样例，不需要的部分可直接删除。

制作好的第 1 张幻灯片如图 5-2-9 所示。

图 5-2-9　第 1 张幻灯片

在第 2 张幻灯片上添加左侧文字，删除右侧原始图片，插入素材库中的图片素材“墨韵万变.png”，并通过拖拽鼠标将图片适当变窄。删除幻灯片左下角多余的“示例页脚文本”和“页码”，其他幻灯片也同样一并删除。制作好的第 2 张幻灯片如图 5-2-10 所示。

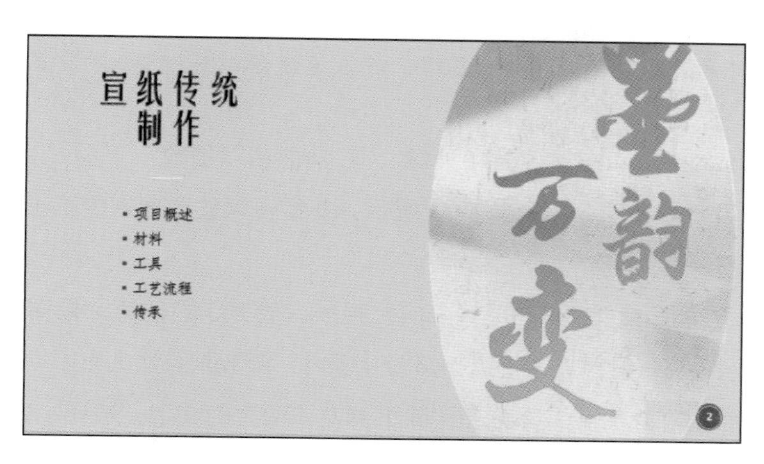

图 5-2-10　第 2 张幻灯片

添加第 3 张幻灯片的标题和内容，制作好的第 3 张幻灯片如图 5-2-11 所示。

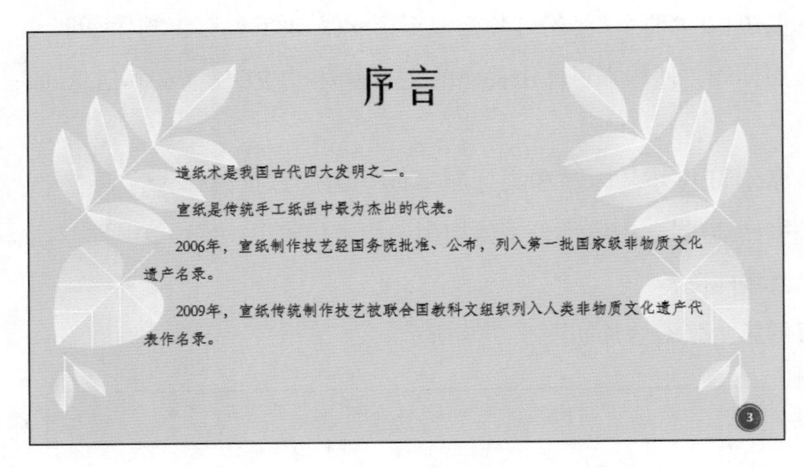

图 5-2-11　第 3 张幻灯片

录入第 4 张幻灯片的左侧文字，删除右侧两张原始图片。单击功能区中“插入 / 视频 / 此设备”选项，如图 5-2-12 所示，插入素材库中的视频素材“1. 首在于料.mp4”。

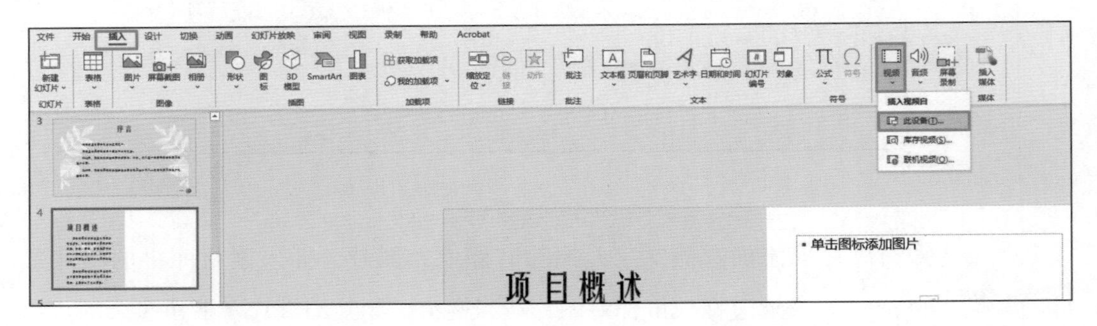

图 5-2-12　在第 4 张幻灯片中插入视频素材

操作提示

视频文件的大小往往比图片大很多，插入速度会比图片慢一些，需耐心等待。

视频插入成功后，单击插入好的视频，在功能区“播放”下的“视频选项”中，设置“开始”为“自动”，如图 5-2-13 所示，并将视频放置到右侧第 1 幅图片处，再将大小调整为图片框大小。

用同样的方法插入“2. 匠心凝聚.mp4”视频，放置于右侧第 2 幅图片处，也将其播放设置为“自动”，位置放置于第 2 幅图片框内，调节至合适大小。

添加第 5 张幻灯片的文字部分，删除下侧左右两边的文字，选择“插入 / 图片 / 此设备”，插入素材库中的图片“材料 1 青檀皮.jpg”和“材料 2 沙田稻草.jpg”。制作好的第 5 张幻灯片如图 5-2-14 所示。

添加第 6 张幻灯片文字，删除幻灯片下侧 5 张原始图片，插入素材库中提供的以下图片："工具 1 碓、碾.png""工具 2 纸槽.png""工具 3 纸帘、帘床.png""工具 4 纸焙.png""工具 5 刷把.png""工具 6 宣纸剪.png"。之后将 6 张图片全部选中，将其排列整齐。制作好的第 6 张幻灯片如图 5-2-15 所示。

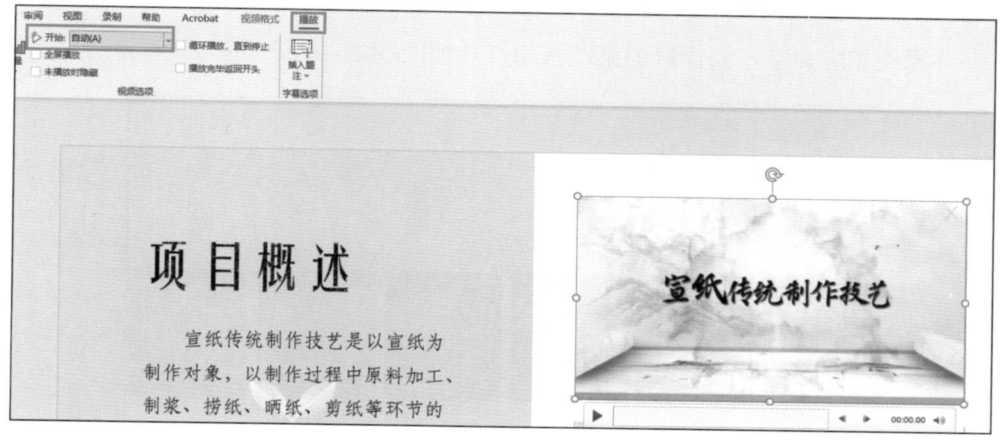

图 5-2-13　设置第 4 张幻灯片视频自动播放

图 5-2-14　第 5 张幻灯片

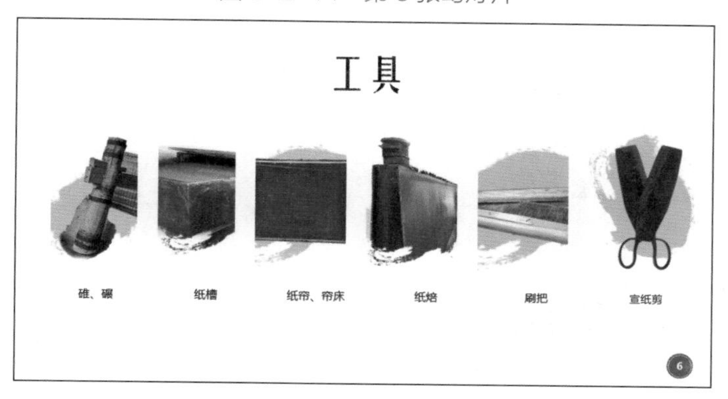

图 5-2-15　第 6 张幻灯片

实用技巧

在演示文稿中进行图形、图片、文本框的排版时，如果单凭感觉手动去调整，不仅效率很低，效果也未必好。可以通过"格式"下面的"排列 / 对齐"功能进行设置，即可将多个项目的间距自动调成一致。

选取第 7 张幻灯片中的其中任意一个"方块"，将其复制后粘贴，成为第 6 个"方块"，并添加相应文字。制作好的第 7 张幻灯片如图 5-2-16 所示。

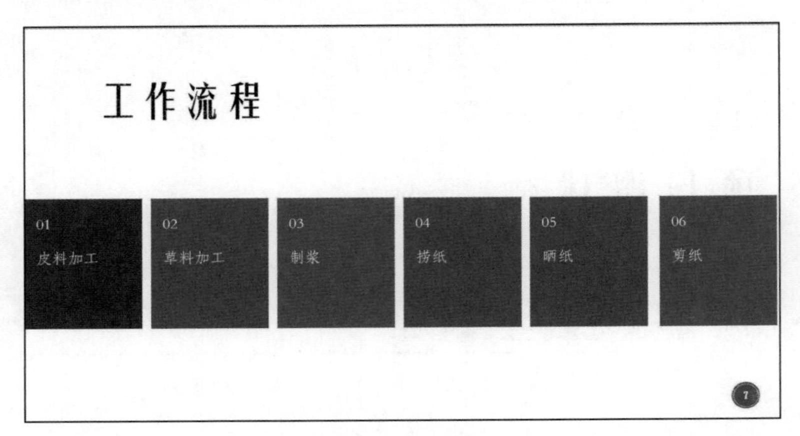

图 5-2-16　第 7 张幻灯片

接着添加第 8 张幻灯片。在功能区单击"新建幻灯片"，选择"标题和内容"版式，如图 5-2-17 所示。

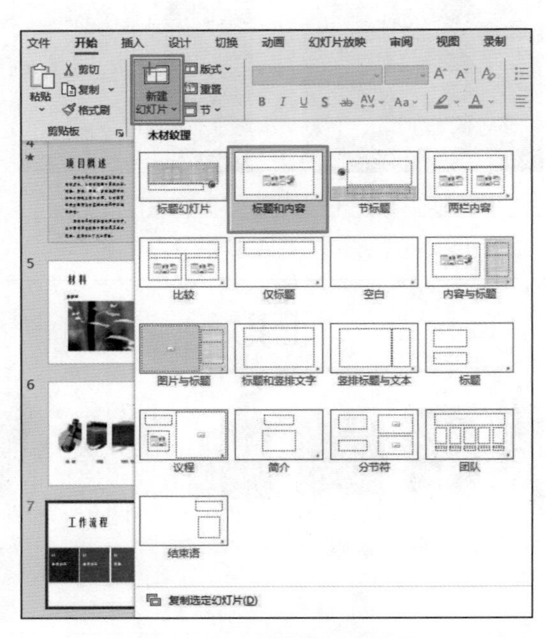

图 5-2-17　新建第 8 张幻灯片

先添加文字部分，然后在幻灯片右下角添加素材库图片“匠心传承.png”，并适当调节大小。制作好的第 8 张幻灯片如图 5-2-18 所示。

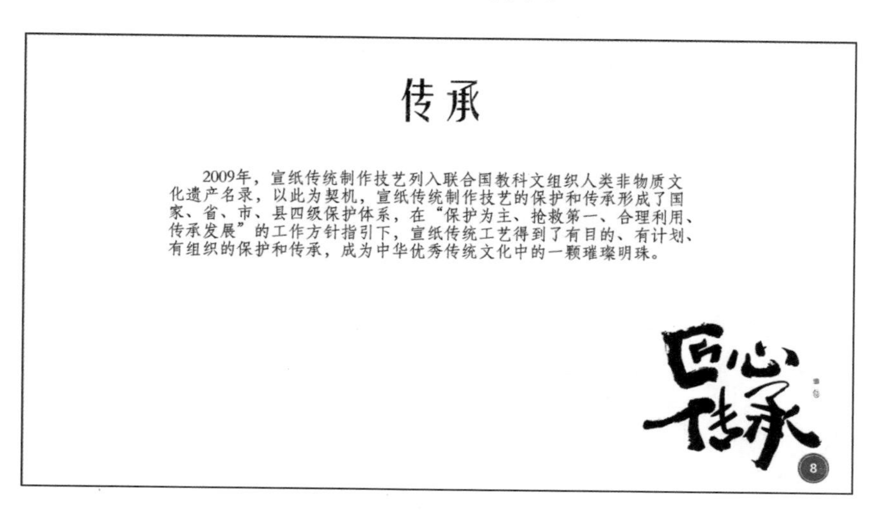

图 5-2-18　第 8 张幻灯片

添加第 9 张幻灯片的标题文字，并在“谢谢”两字中间添加两个空格，其他多余内容删除。制作好的第 9 张幻灯片如图 5-2-19 所示。

图 5-2-19　第 9 张幻灯片

巩固提高

小信制作好的演示文稿第 5、第 6、第 7、第 8 张幻灯片的背景颜色是白色，与其他页幻灯片不同。请你尝试把这 4 张幻灯片的背景颜色调整成与其他幻灯片一致。

任务2 美化演示文稿

任务描述

恰逢学校举办中华优秀传统文化艺术作品展，小信决定将上次参观宣纸传统制作技艺的收获与全校同学分享。为了更好地展示演示文稿的内容，她决定对上次制作的演示文稿进行加工和美化。美化完成后的效果如图5-2-20所示（参见“素材库/第五单元/5.2/任务2/宣纸传统制作技艺.pdf”）。

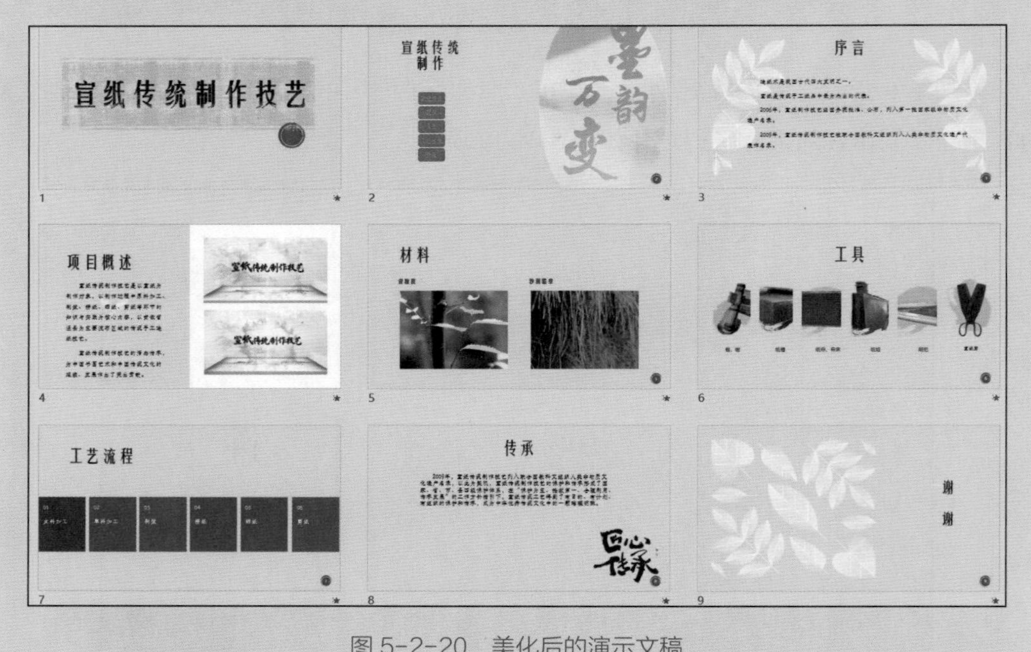

图5-2-20 美化后的演示文稿

知识储备

我们可以通过添加页面切换效果和动画，达到美化演示文稿的目的，还可以使用SmartArt图形和超链接功能，丰富演示文稿的表现效果。

一、页面切换效果

在演示文稿动态演示过程中，从一张幻灯片过渡到下一张幻灯片时，我们可以通过添加页面切换效果来增加演示文稿的表现力，吸引观众关注。演示文稿提供的页面切换效果如图 5-2-21 所示。单击“切换”选项卡，显示初始状态的第一行效果，此时单击右下角的三角图标，即可显示出全部切换效果。需要注意的是，选用的切换效果要与演示内容和整体风格保持一致，也不能过度使用切换效果。

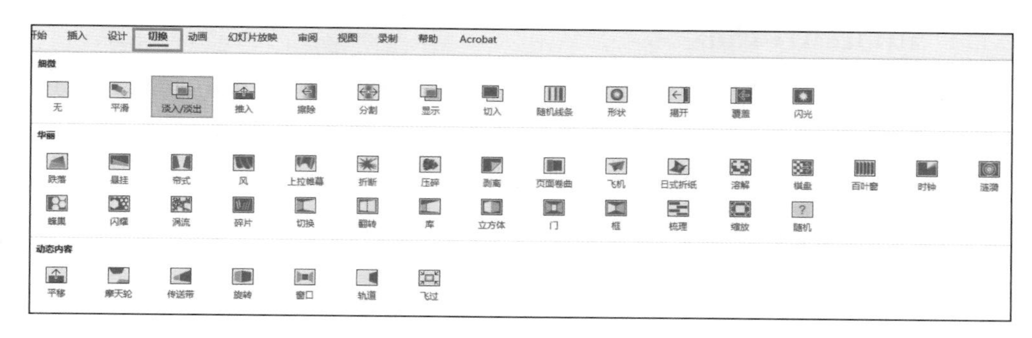

图 5-2-21 页面切换效果

二、动画效果

在演示文稿中添加动画效果可以使演示文稿的内容展示更加生动、有趣，还能突出显示幻灯片中的关键信息，帮助观众更好地理解和记忆。可以在“动画”选项卡中选择所需的动画效果，如图 5-2-22 所示。

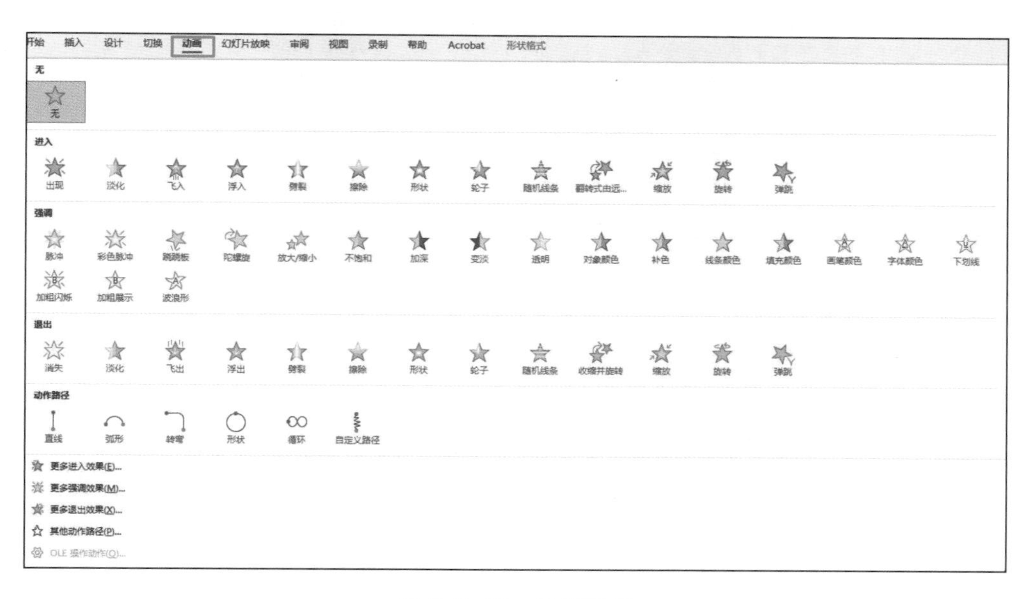

图 5-2-22 动画效果

动画窗格在动画的制作和编辑过程中起到非常关键的作用，它列出了当前幻灯片中的所有动画效果，使用户可以一目了然地看到哪些元素有动画，以及动画的类型和顺序，如图 5-2-23 所示。我们可以通过选中、拖动操作，调整动画的播放顺序，也可以编辑或删除动画。

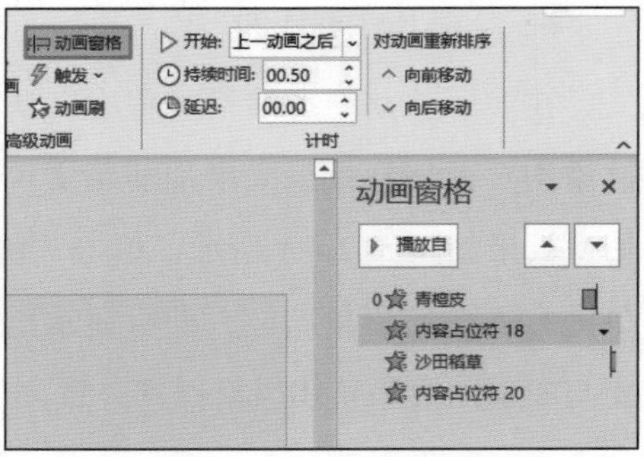

图 5-2-23　动画窗格

三、SmartArt 图形

SmartArt 图形是一种强大的图形化展示工具，它通过不同的布局和样式，将大段文字、数据或复杂关系转换为直观、易于理解的图形图表，有助于观众快速理解和记住关键信息。

在“插入”选项卡中选择“SmartArt”，弹出“选择 SmartArt 图形”对话框，可以快速创建 SmartArt 图形，如图 5-2-24 所示。

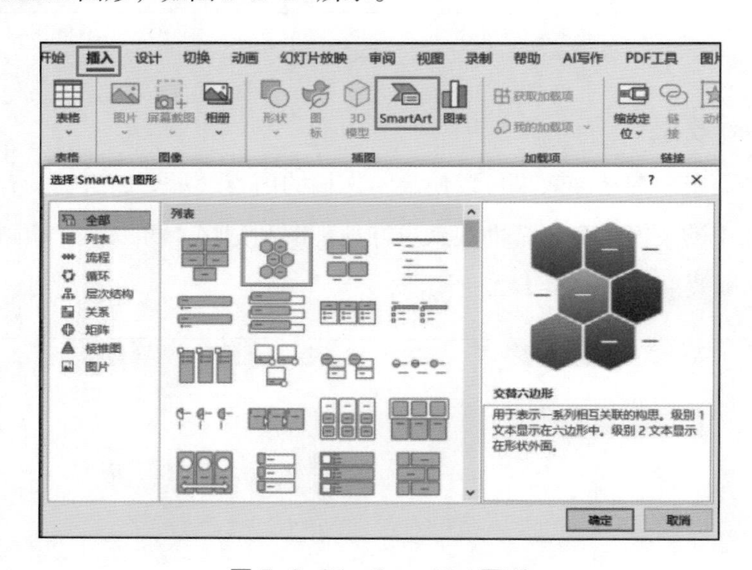

图 5-2-24　SmartArt 图形

四、超链接功能

使用超链接功能可以从一张幻灯片跳转到同一演示文稿的其他幻灯片，甚至跳转到其他演示文稿、网页，使得演示文稿更加具有交互性和动态性。

操作时，先选中需要插入超链接的文本或对象（如图片、图形、形状等），然后在“插入”选项卡中选择“链接”，打开“插入超链接”对话框，再选择我们需要链接的目标位置，可以是同一演示文稿中的另一张幻灯片，也可以是一个外部文件、网页或电子邮件地址，如图 5-2-25 所示。

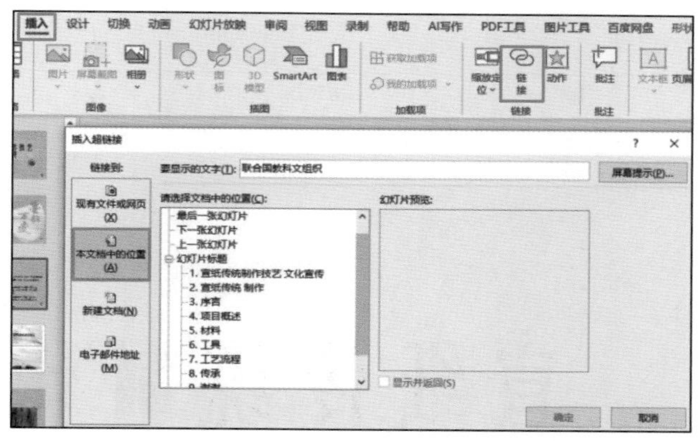

图 5-2-25　插入超链接

任务分析

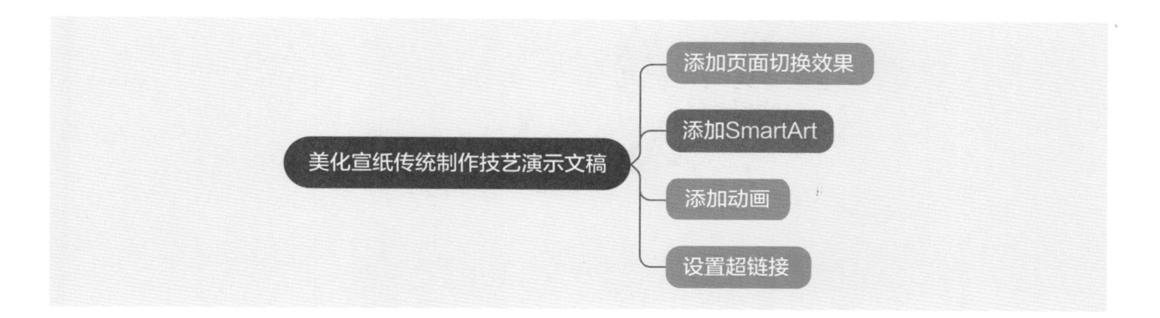

任务实践

下面我们就跟小信一起，参照样例，对上一任务制作的演示文稿进行美化。

首先我们将第 1 张幻灯片标题从“宣纸传统制作技艺参观记录”改为“宣纸传统制作技艺”，并按样例进行微调。

1. 添加页面切换效果

为演示文稿添加页面切换效果“淡入 / 淡出”，并将该效果应用到演示文稿的全部幻灯片页面切换上，操作步骤如图 5-2-26 所示。

2. 添加 SmartArt

选中第 2 张幻灯片，在标题下面的目录内容处右击，在弹出的快捷菜单中选择“转换为 SmartArt”中的“垂直块列表”，即可将文字转变为 SmartArt，如图 5-2-27 所示。

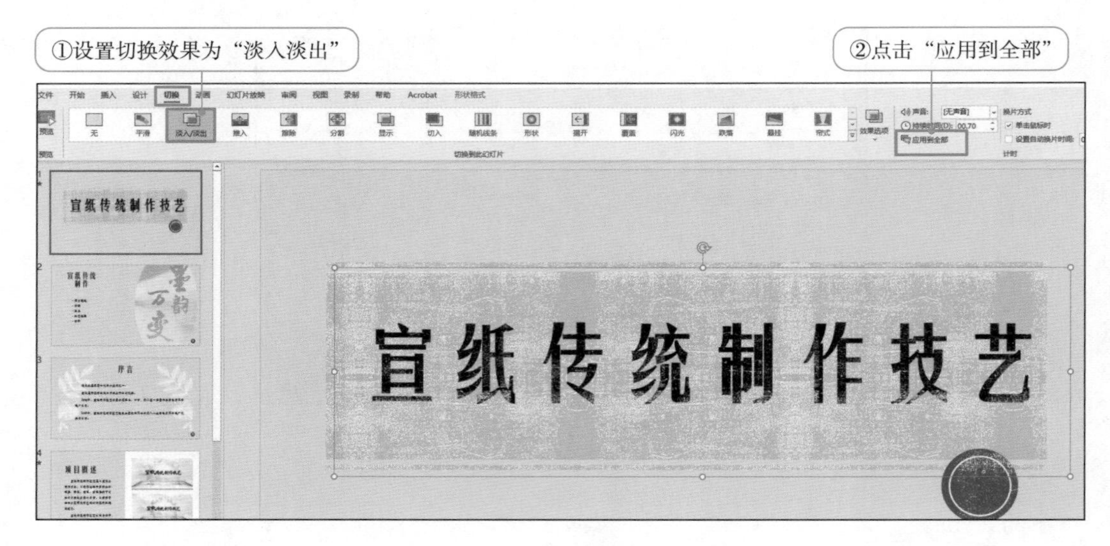

图 5-2-26　添加页面切换效果

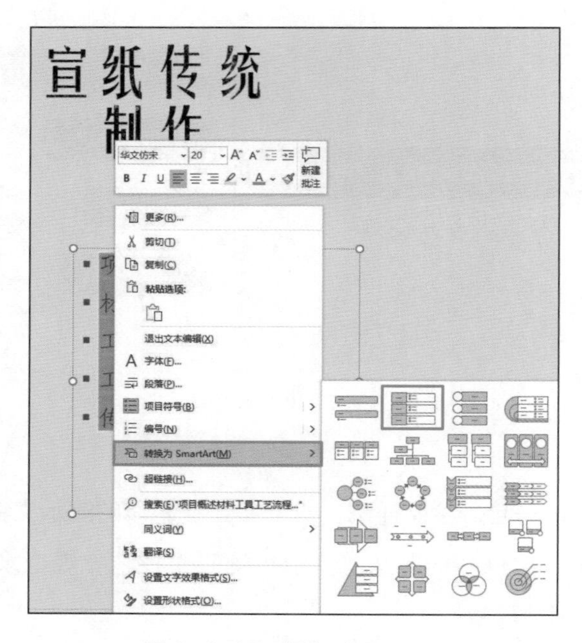

图 5-2-27　添加 SmartArt

适当微调目录位置，使整体更加协调美观，如图 5-2-28 所示。

3. 添加动画

选中第 5 张幻灯片，单击功能区的“动画”进入动画编辑模式，之后单击“动画窗格”，打开“动画窗格”后可以清晰显示每一个动画的具体设置。

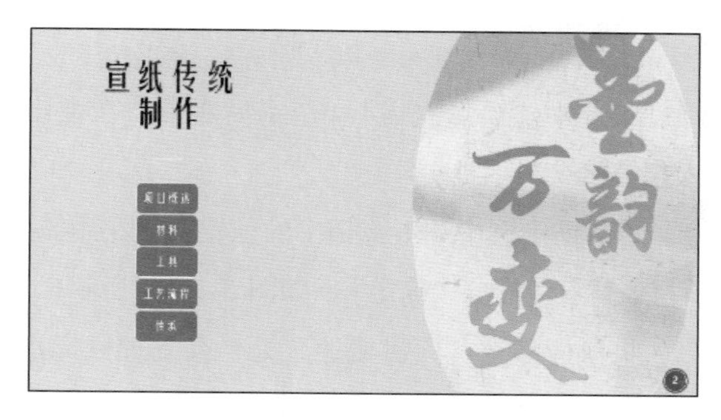

图 5-2-28　微调目录位置

选中本张幻灯片上的“青檀皮”文字，对其添加“随机线条”的动画设置，操作步骤如图 5-2-29 所示。

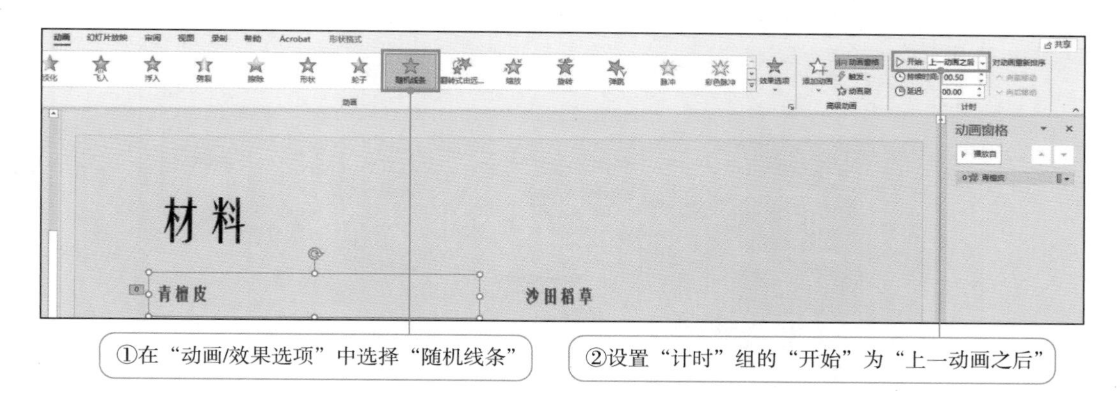

图 5-2-29　动画的添加

接下来使用同样的方法，依次分别对“青檀皮”文字下的图片、“沙田稻草”文字、“沙田稻草”文字下的图片做同样的动画设置。此时动画窗格中的状态如图 5-2-30 所示，可以通过幻灯片预览，观看设置好的动画效果。

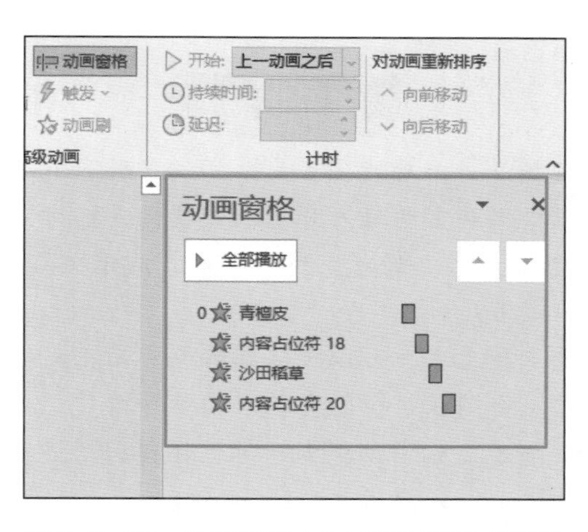

图 5-2-30　动画窗格中已设置好的动画详情

4. 设置超链接

选中第 2 张幻灯片，选中“项目概述”4 个字后右击，在弹出的快捷菜单中选择“链接”，弹出“插入超链接”对话框。

在“插入超链接”对话框中选中“本文档中的位置”，然后在右侧“请选择文档中的位置”里找到“项目概述”，单击“确定”，如图 5-2-31 所示。

选择幻灯片预览，将鼠标移至“项目概述”处，会发现鼠标指针变成了一只手的形状，单击“项目概述”，页面即从第 2 页幻灯片跳转到第 4 页幻灯片。

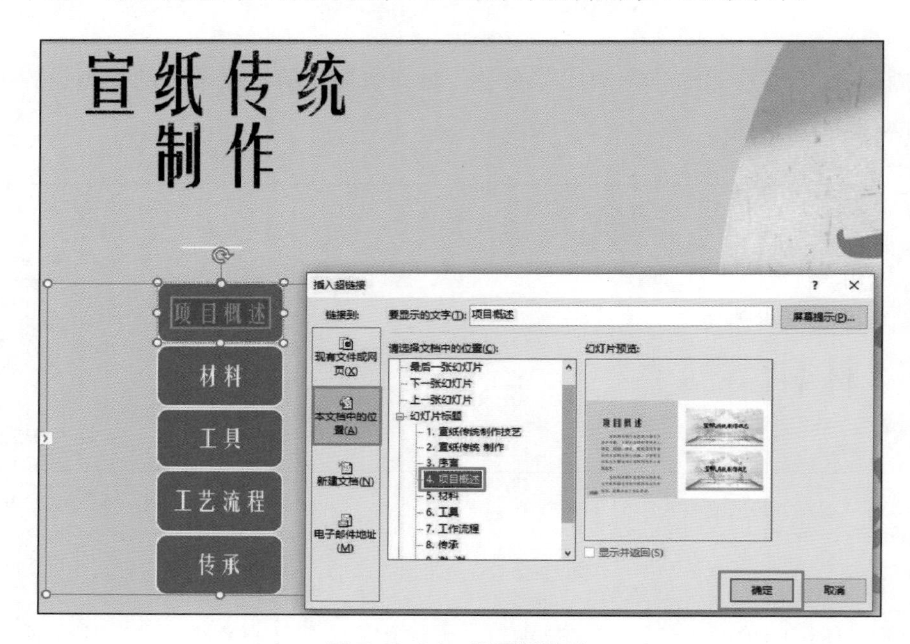

图 5-2-31　设置超链接

同样，我们对第 2 页幻灯片中的“材料”“工具”“工艺流程”“传承”依次设置超链接，分别链接至第 5、第 6、第 7、第 8 页幻灯片。

知识拓展

演示文稿中的超链接是一个功能强大且实用的工具，它不仅可以增强演示的互动性和吸引力，还可以提供丰富的额外资源和便捷的导航方式。通过合理使用超链接，可以使演示文稿更加生动、有趣且易于理解。演示文稿中的超链接种类丰富，按照内容类型可以分为以下几种。

文本超链接：通过点击文本，可以跳转到其他页面、文件或网站。

图像超链接：通过点击图像，会触发相应的跳转操作。

电子邮件链接：在演示文稿中创建电子邮件链接，通过点击可以直接打开电子邮件客户端并填写邮件地址，方便用户快速发送邮件。

多媒体文件链接： 将音频、视频等多媒体文件作为超链接的目标，点击后可直接播放。

巩固提高

请在本任务的基础上，进一步增强演示文稿的互动性和吸引力，帮助小信完成以下操作：在每张内容页的左下角添加素材库图片“目录.png”，并设置该图片的超链接，实现从每张内容页回跳到目录页的功能。你能完成这个挑战吗?

拓展与探究

母版

母版是一种特殊的幻灯片，用于创建幻灯片的框架。它包含了演示文稿中所有幻灯片的共同元素和格式设置。一个演示文稿可以包含多个母版，每个母版可以拥有多个不同的版式。版式是构成母版的元素，是预先设定好的幻灯片的版面格式，每张幻灯片都是基于版式创建的。使用母版可以减少重复性工作，提高工作效率。母版、版式、页面是依次递减的限制关系，即普通页面的布局受版式的影响，版式的排版受母版影响。母版可以作为所有幻灯片的基础，使得用户对母版所做的任何修改都会自动应用到所有相关的幻灯片中。

母版通常包括幻灯片母版、标题母版和备注母版等类型。其中，幻灯片母版是最常用的一种，以幻灯片母版为例，插入母版和版式可以通过以下两种方法。

一是进入幻灯片母版视图，单击“幻灯片母版”选项卡“编辑母版”组中的“插入幻灯片母版”按钮，即可完成母版的插入。

二是进入幻灯片母版视图，选中要插入版式的位置，单击“幻灯片母版”选项卡“编辑母版”组中的“插入版式”按钮，即可在指定位置插入新版式。

幻灯片母版中包含了演示文稿中所有幻灯片的共同元素，如背景、字体、颜色、占位符等。我们可以在幻灯片母版上添加统一的背景、标志、页码等元素，以确保整个演示文稿具有一致的外观和风格。样式重复的内容应尽量减少使用直接插入的方式，而应多使用占位符。

如图 5-2-32 所示是使用素材库中的“背景图片.jpg”，通过母版功能将整个演示文稿的背景样式做了更改，将演示文稿的全貌换成了宣纸的效果。对母版所做的任何修改都会自动应用到所有相关的幻灯片中，减少了重复性工作，大大提高了工作效率。

你也来操作试一试吧！

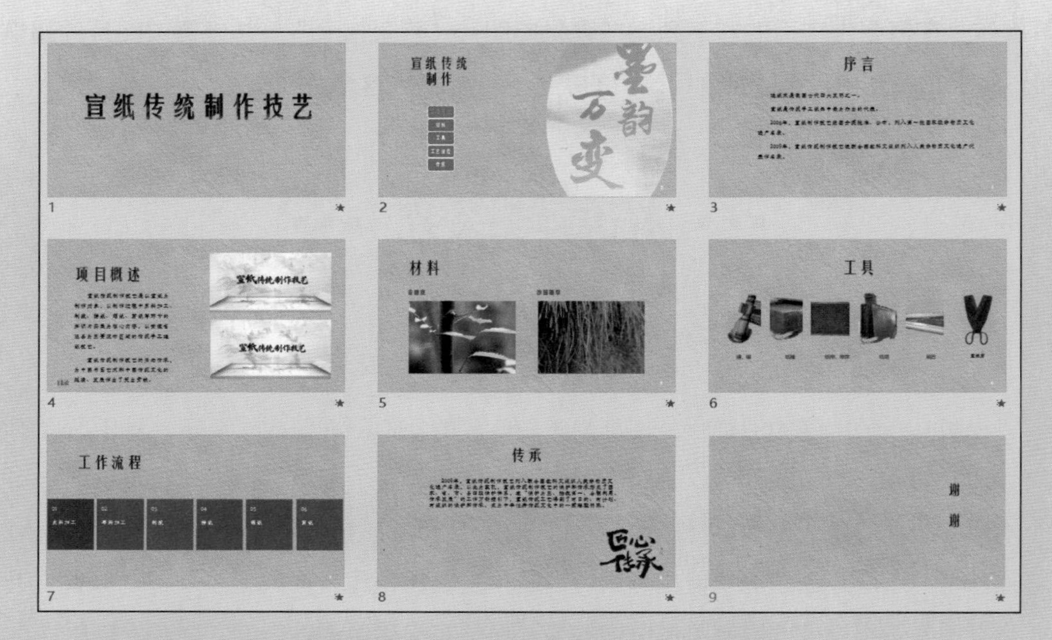

图 5-2-32　更改背景样式后的演示文稿全貌

5.3 互联网页面创作

随着移动互联网的兴起，网页制作也越来越成熟。在媒介技术和网络基础上发展起来的 H5 页面，以其沉浸式的传播形态，形成了以用户为中心的传播模式，能够为用户呈现个性化的定制内容，因此成为企业和品牌的重要信息载体和推广方式。随着手机硬件的不断升级，H5 技术也在迅速发展。在微信等新媒体平台的推动下，H5 技术的强互动、可监测、跨平台、易传播、低成本、快迭代等优势进一步凸显。

学习目标

1. 了解 H5 页面的基础知识，掌握与 H5 相关的概念。
2. 了解 H5 设计的相关流程，能够使用软件设计并发布 H5 页面。

任务　创建 H5 页面

任务描述

学校为了丰富同学们的课余生活，在团委的领导下设立了各种丰富多彩的社团。其中小诚担任社长的非遗传承技艺社团是一个致力于传承和弘扬我国非物质文化遗产的团队。在学校即将举办的“中华优秀传统文化艺术作品展”中，来自“剪纸之乡”的小诚准备邀请大家欣赏精美的剪纸技艺展。为此，小诚制作了一份 H5 邀请函，效果如图 5-3-1 所示。

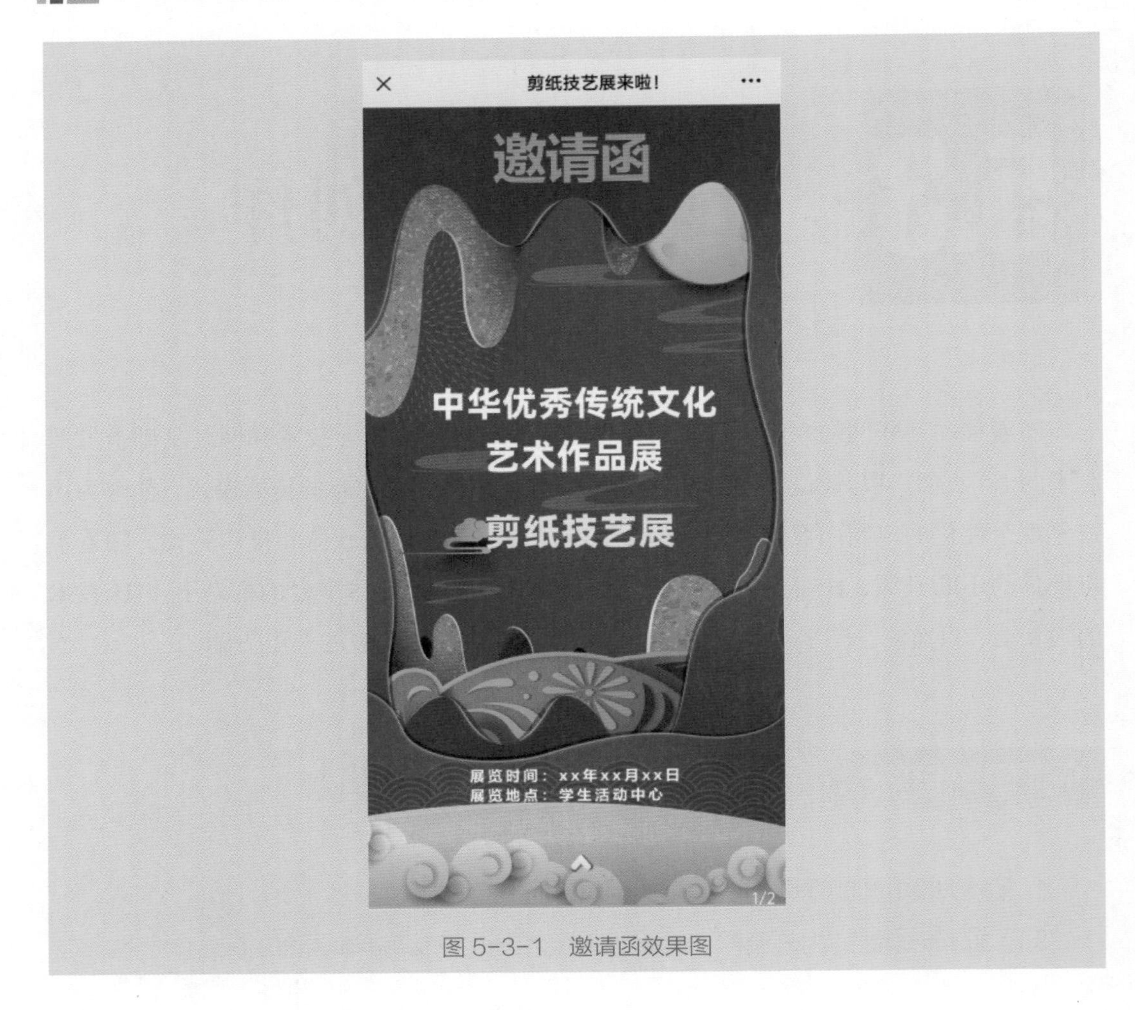

图 5-3-1 邀请函效果图

知识储备

在正式制作 H5 邀请函前，先让我们一起来了解 H5 的一些基本概念，以及 H5 设计与制作的常用软件，这些都是我们学习 H5 需具备的基础知识。

一、H5 概述

1. 什么是 H5

广义上的 H5，是指第五代“超文本标记语言”（Hyper Text Markup Language5，HTML5），也指利用 H5 语言制作的一切数字产品。

我们日常所浏览的网页，大部分是由 HTML 代码构成的。“超文本”意味着页面可以包含图片、链接，甚至音乐、程序等多种非文字元素，而“标记”则表明这些元素需通过具有特定属性的起始与结束标签进行界定。浏览器在解码 HTML 代码后，便能够把网页内容呈现出来。

在 H5 出现之前，网页的访问主要是在计算机上进行。然而，随着智能手机的迅速普及，互联网访问场景逐渐从计算机转向移动设备。这种上网方式的转变进一步推动了相关技术的发展。

狭义上的 H5，是指具有互动性的多媒体广告页面。它的最显著优势在于其具有的跨平台性。利用 H5 搭建的站点与应用可以兼容 PC 端与移动端，并适用于不同的操作系统，如 Windows 系统、Linux 系统、安卓系统与 iOS 系统。这种强大的兼容性使它可以轻易地被部署到各种不同的开放平台与应用平台上，打破了平台之间的壁垒，显著降低了站点与应用的开发与运营成本。

此外，H5 的本地存储特性也给用户带来了更多的便利。相较于传统的本地应用，基于 H5 开发的应用具有更快的启动速度和联网响应，同时无须下载，节省了存储空间，特别适合移动设备使用。H5 允许开发者在不依赖第三方浏览器插件的情况下，创建高级图形、版式、动画以及过渡效果，这大大提升了用户体验，使得移动用户可以消耗较少流量就可以欣赏到炫酷的视觉与听觉效果。

2. H5 的特点

H5 具有跨平台、多媒体、强互动、易传播等特点。

（1）跨平台。H5 具有强大的兼容性，可以同时兼容 PC 端以及 iOS 和安卓系统的移动端设备。

（2）多媒体。H5 具有多媒体性，其展现形式可以包括文字、图像、动画、音频、视频等多种视听信息。

（3）强互动。H5 的交互形式丰富，包括结合手势交互、利用硬件交互以及使用技术交互等多种方式，这些交互形式能够有效地激发用户的参与感，促进互动体验。

（4）易传播。只需通过简单操作（单击右上角的“更多”），即可将 H5 发送给朋友或分享到朋友圈，传播非常方便。

3. H5 的应用

H5 可广泛应用于营销宣传、知识普及、游戏互动和网站应用等多个领域。

（1）营销宣传。用于营销宣传的 H5 尤为常见，它们主要是为产品推广、品牌塑造以及活动宣传而设计的。

（2）知识普及。知识普及类 H5 同样比较普遍，它们通常围绕社会重大事件进行新闻宣传和知识普及。

（3）游戏互动。游戏互动类H5中的游戏一般设计得较为简单，用户可以在常用社交应用（如微信）中直接点开进行游戏，而无须安装和卸载。

（4）网站应用。在产品设计领域，网站应用类H5常被称作“H5网站”。用户可以直接在浏览器中观看和操作这类H5，它们通常包含大量信息，并具备App中的部分功能。

二、H5制作常用软件

常见的H5制作软件有易企秀、MAKA、iH5、人人秀等。

1. 易企秀

易企秀是一款基于智能内容创意设计的数字化营销工具，主要用于H5、轻设计、长页、易表单、互动、视频等各种内容的在线制作，且支持PC、App、小程序等多种端口使用，设计人员可根据需要选择端口进行制作。易企秀操作简单，只需使用模板或通过简单的素材添加即可制作H5、海报图片、营销长页等各种形式的创意作品，并支持快速分享至社交媒体平台，方便开展营销活动。

2. MAKA

MAKA（码卡）是一款在线H5创作及创意工具。MAKA的模板商城提供了针对不同行业和场景的模板，同时提供视频、新媒体、电商等不同类型的素材供用户使用。另外，MAKA支持翻页H5、长页H5、手机海报、视频、公众号、微信红包封面、简历、画册、微信朋友圈、社交名片等内容的在线创作，用户只需简单拖拽即可完成设计。

3. iH5

iH5是一款操作相对复杂的H5制作工具，它不仅能制作出复杂的页面逻辑交互、动效、3D等效果，还支持通过代码的形式展示和制作H5页面的内容和动画。为了满足当前新媒体发展的需求，iH5还增添了绘画、物理引擎、时间轴动画、设备响应、数据库、跨屏互动等一系列新功能。

4. 人人秀

人人秀是一款基于H5的微场景制作工具，具有免费、简单易用、发布迅速等特点。设计人员可以通过图片、文字、音乐等多种形式制作H5页面场景，并轻松分享至社交平台。同时，人人秀还提供后台数据监测功能，可以帮助使用者搜索潜在用户或获取其他反馈信息。

任务分析

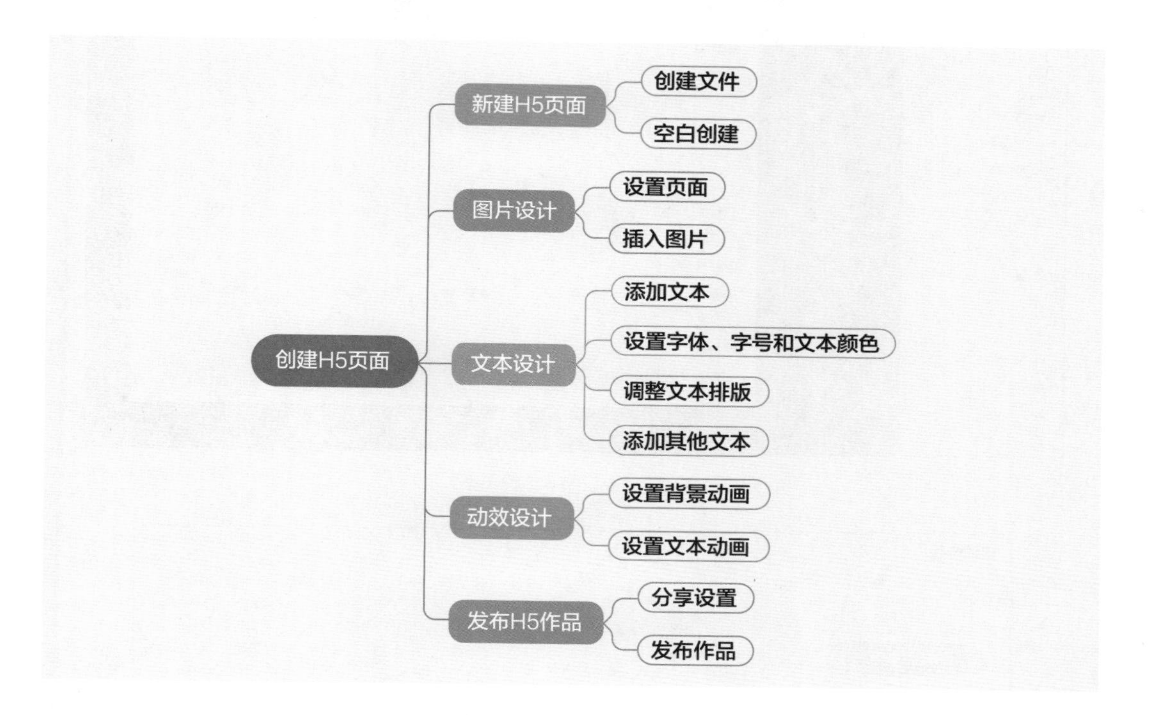

任务实践

小诚准备用易企秀的 H5 功能来制作邀请函。他计划分三步来制作，先进行 H5 页面的图片设计，再对 H5 页面的文字进行设计与排版，最后为 H5 页面添加动效。

1. 新建 H5 页面

（1）创建文件。使用浏览器打开易企秀官网，单击右侧的“创建设计”按钮，在弹出的“创建作品”对话框中选择“H5”选项，如图 5–3–2 所示。

（2）空白创建。为了保证作品的原创性，在“H5”选项中选择“空白创建”，如图 5–3–3 所示。

2. 图片设计

图片能使 H5 页面的主题信息展现更加直观，增加 H5 页面对用户的吸引力。

（1）设置页面。操作步骤如图 5–3–4 所示。

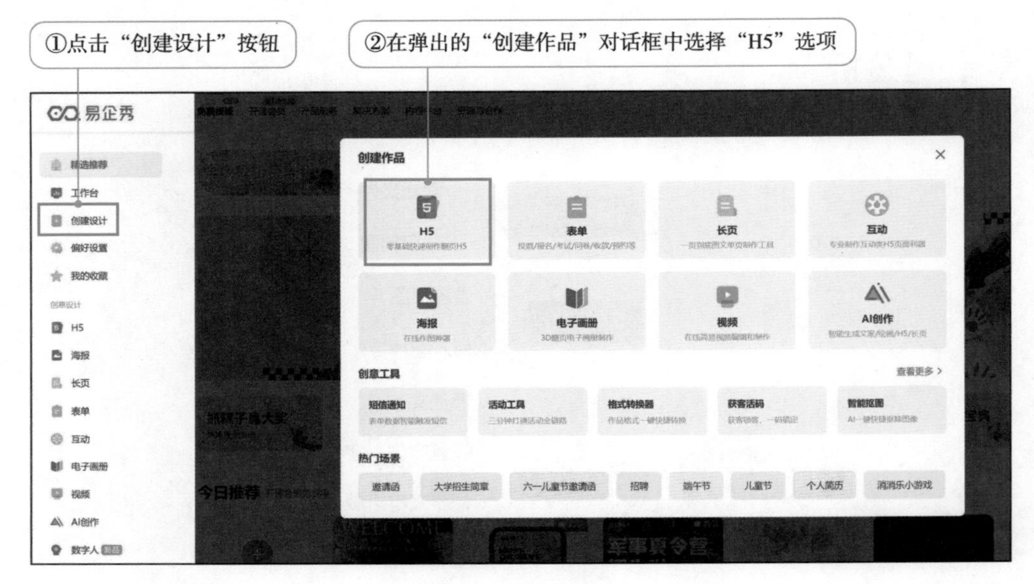

图 5-3-2 创建设计

图 5-3-3 创建作品

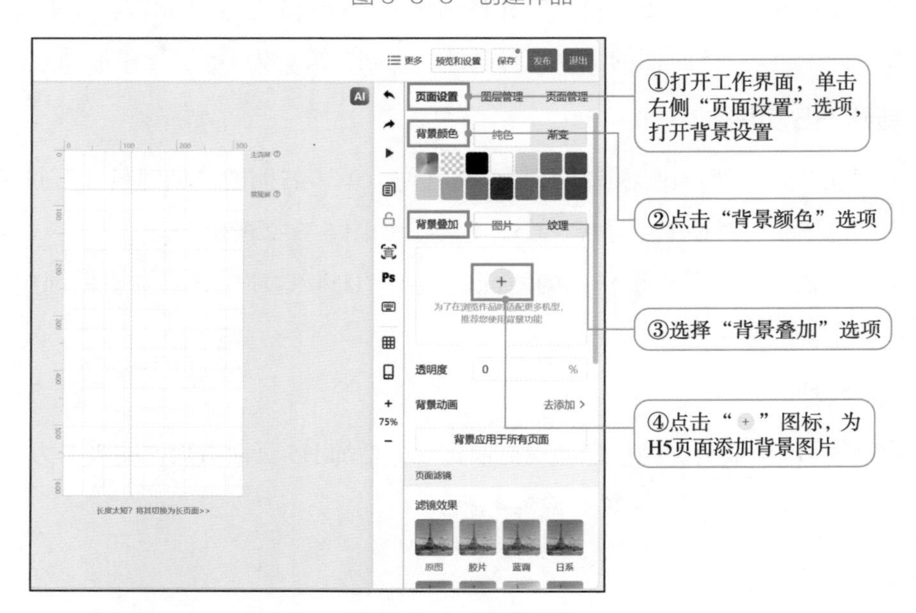

图 5-3-4 设置页面

（2）插入图片。在素材库中选取背景图片（见“素材库 / 第五单元 /5.3/H5 背景图片”），操作步骤如图 5–3–5 所示。

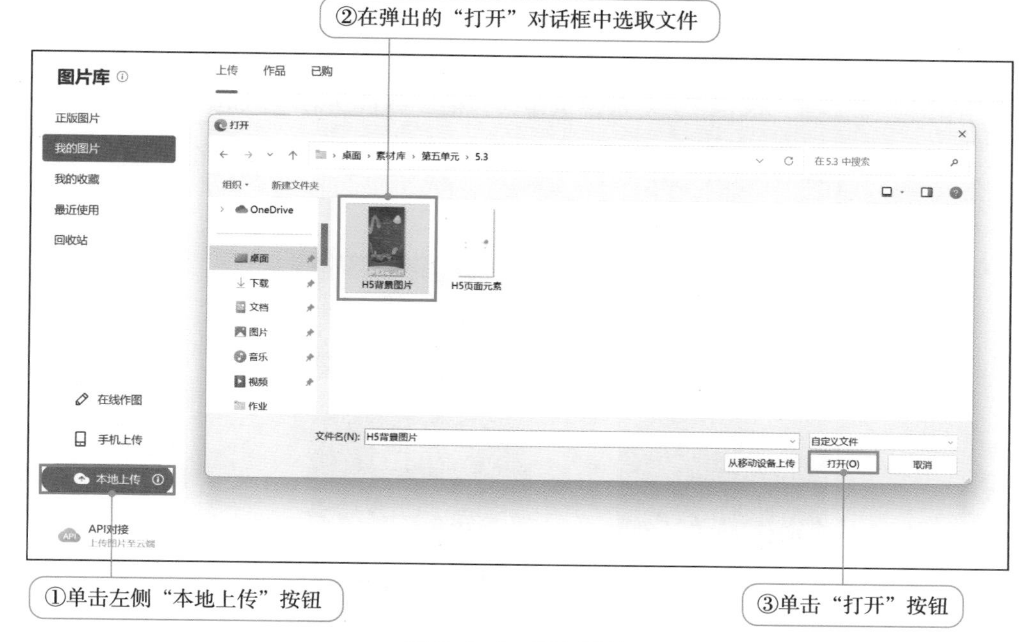

图 5–3–5　插入图片

背景图片插入效果如图 5–3–6 所示。

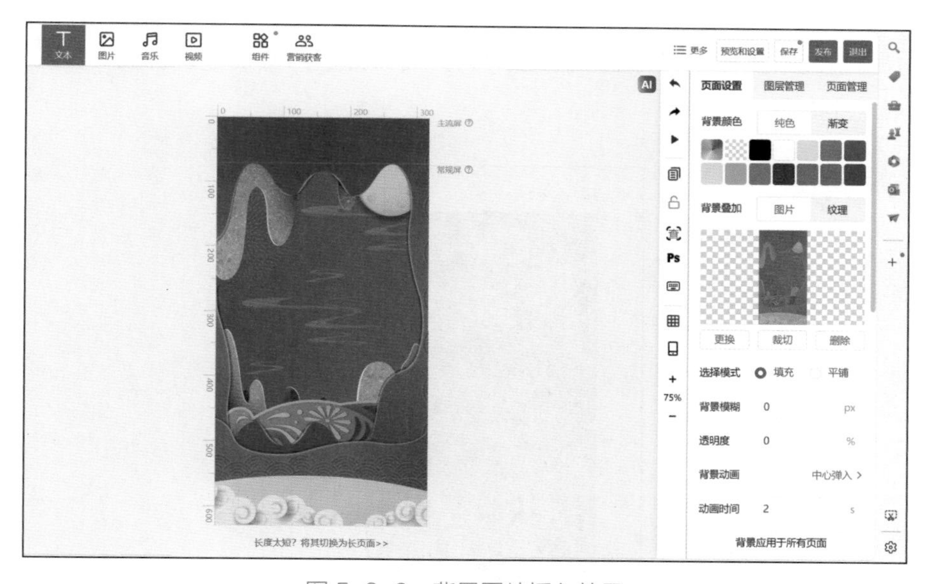

图 5–3–6　背景图片插入效果

3. 文本设计

插入背景图后，我们就可以在页面上进行文本设计，设置文本的字体样式、字号、文本颜色、粗细等。

（1）添加文本。单击工作界面顶部“文本”图标即可添加文本，在弹出的文本框中输入“邀请函”。

（2）设置字体、字号和文本颜色。在“组件设置”选项中“样式”下选择适合主题的字体，字号选择“48 px”，文本颜色输入色值“#FFC26D”，如图 5-3-7 所示。

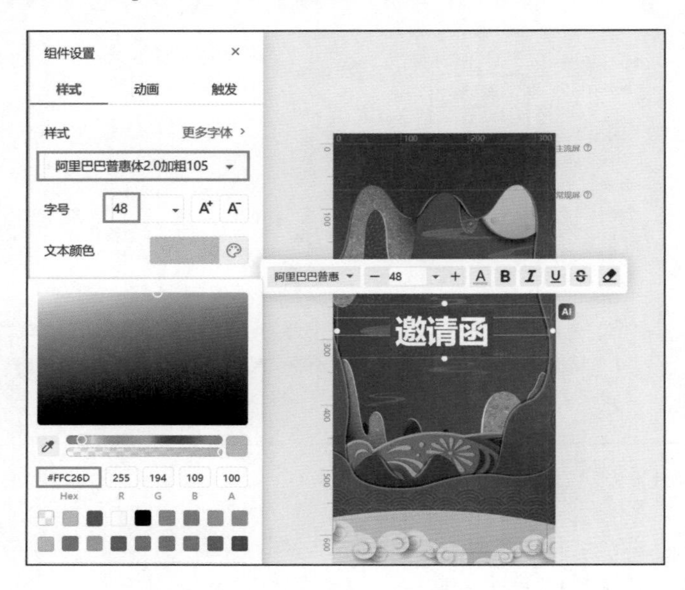

图 5-3-7 设置字体、字号和文本颜色

（3）调整文本排版。将标题文本移动到页面顶部，与页面边缘保持一定距离，效果如图 5-3-8 所示。

图 5-3-8 调整文本排版

知识拓展

具有独创性的字体属于受著作权法保护的美术作品。在未经授权的情况下，使用、复制、分发、传播或修改他人创作的字体作品，会侵犯字体著作权人的权益。

（4）添加其他文本。按照同样步骤添加其他文本内容。输入文本“中华优秀传统文化艺术作品展”，选择字体样式，设置字号为 28px、文本颜色为白色；输入文本“剪纸技艺展”，选择字体样式，设置字号为 36px、文本颜色为白色，调整文本至居中位置，并与页面边缘保持距离。

4. 动效设计

在 H5 页面中，动画具有渲染氛围和吸引人关注的作用。

（1）设置背景动画。操作步骤如图 5-3-9 所示。

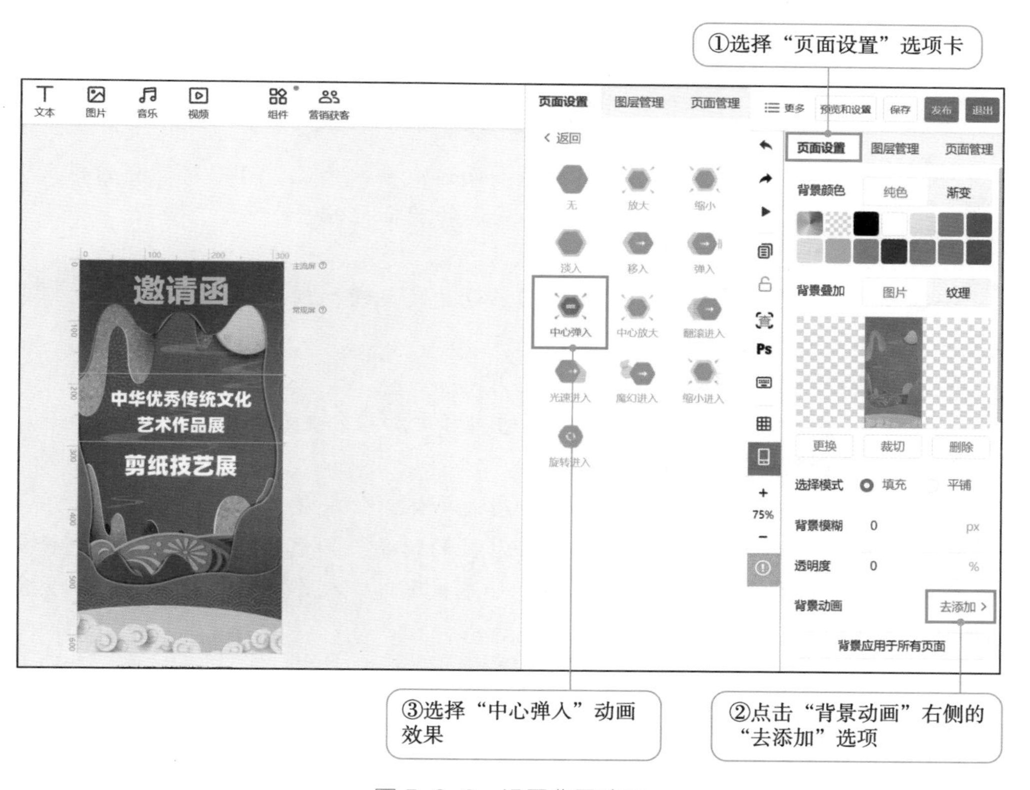

图 5-3-9　设置背景动画

（2）设置文本动画。双击文本内容，在弹出的“组件设置”选项卡中选择“动画”选项，单击“添加动画”按钮，在弹出的对话框中单击选取“中心放大”选项，如图 5-3-10 所示。单击“预览动画”按钮可以对动画效果进行预览。

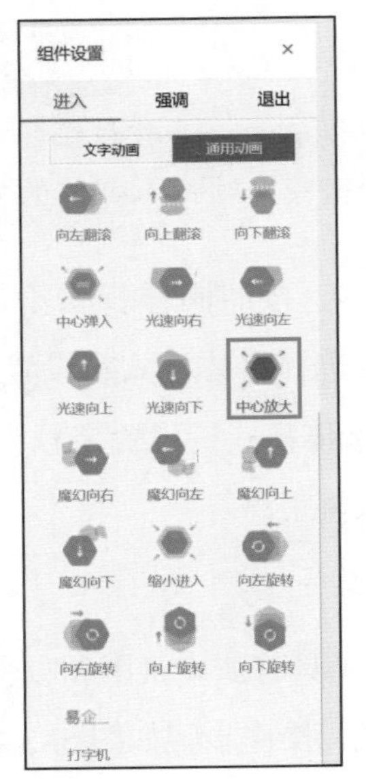

图 5-3-10　设置文本动画

实用技巧

在设计动画时，为了避免由于动画过多而造成画面杂乱，可以对动画的样式进行设计，一般可以从对象的大小、实用场景和物理特征入手。

1. 根据大小选择动画

一般来说，动画对象的面积越大，其移动速度越慢，动效幅度越小；反之对象面积越小，其速度越快，动效幅度也就越大。

2. 根据实用场景选择动画

根据实用场景添加动画，可以使 H5 的内容更加符合主题需求。

3. 根据物理特征选择动画

若 H5 页面中的场景和素材是一些静态的物体，如房屋、森林、天空等，这些固定物体不适合添加动效；一些不具有移动性的物品，如水杯、衣服等，可选择舒缓类动效；而具有移动性的场景或产品，如流星飞过、火车开过、汽车飞驰、火箭发射等，可添加快速类动效，体现速度感。

5. 发布 H5 作品

（1）分享设置。在完成 H5 页面设计与制作后，单击工作界面右上角“预览和设置”按钮进行“分享设置”，填写“标题”“描述”等信息，单击“保存”，如图 5-3-11 所示。

（2）发布作品。单击工作界面右上角“发布”按钮，即可成功发布作品，并生成二维码和小程序链接。

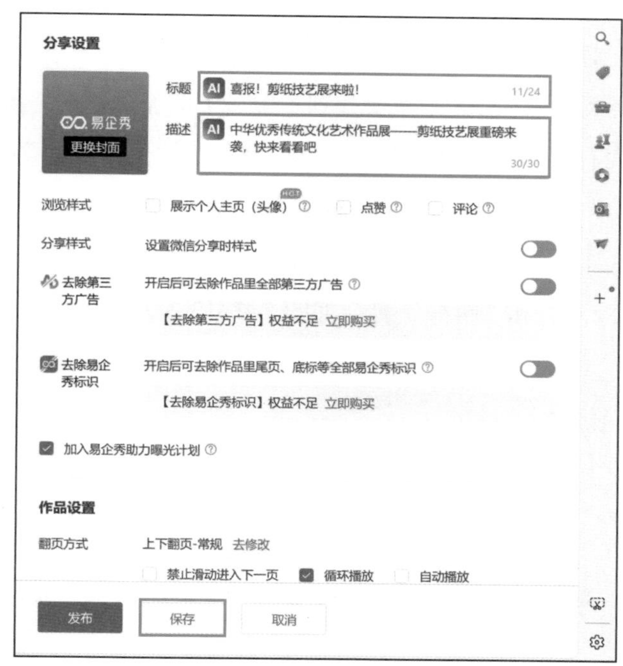

图 5-3-11　分享设置

以上我们便完成了 H5 邀请函的设计与制作。图片、文字、动画是 H5 页面设计不可或缺的重要内容。此外，通过强化动画设计、添加音乐，还可以进一步增强用户体验。

巩固提高

在本任务中，我们跟小诚一起制作了简单的 H5 邀请函。请你尝试给已经做好的 H5 邀请函添加转场动效，并发布最后的成品。

拓展与探究

优化 H5 页面动效

在 H5 页面中使用动效，并非单纯追求炫酷的视觉效果，而在于通过优化细节来提升用户浏览页面的舒适度，提升页面的可理解性。H5 动效设计应以用户为中心，动效以简单、清晰为宜。下面将介绍 H5 页面制作中常用的动效设计优化方法。

1. 翻页动效

翻页动效在 H5 中主要起到承上启下的作用，是一屏与下一屏的连接。H5 翻页动效形式有很多。例如，易企秀 H5 中包括“上下翻页”“左右翻页”和“特殊翻页”。其中，“上下翻页”和“左右翻页”包括“常规”“惯性”“连续”和“推出”，如图 5-3-12 所示；“特殊翻页”包括“卡片”“立体”“放大”“交换”“翻书”“掉落”“淡入”和“折叠”等，如图 5-3-13 所示。

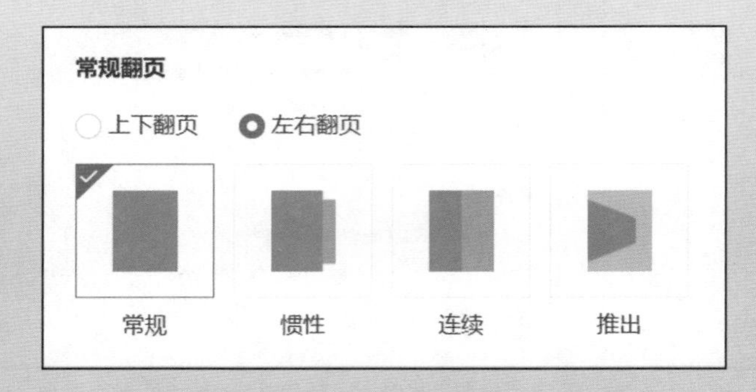

图 5-3-12　易企秀 H5 翻页动效

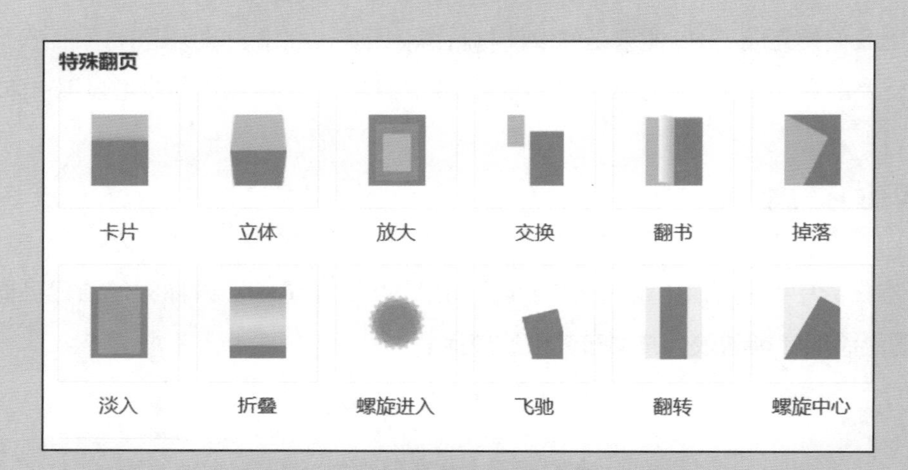

图 5-3-13　易企秀 H5 特殊翻页动效

翻页动效这么多，如何选择合适的动效呢？翻页动效往往展示面积大、持续时间短，因此页面之间的过渡一定要自然，这样用户观看 H5 内容的连贯性才不会被打断。带着这个原则来选择动效会发现，越简单的动效往往越是合适的，一般选择“上下翻页”动效即可。因为“上下翻页”动效变化较小，在视觉上的影响也较小。一些“特殊翻页”动效效果强烈，在页面转换过程中会分散用户的注意力，影响用户体验。除非特殊题材的内容需要利用特殊的动效来强调主题，否则不建议使用这类复杂的效果。

2. 页面元素动效

在 H5 动效设计中，为 H5 页面元素添加动效用得最多。在 H5 制作工具中可以使用的动效有很多，如图 5-3-14 所示。通过调整动效的属性，就可以制作出各种各样的页面元素出场动画。对这些基础动效进行有机组合，还可以搭配出更多生动的动效展示形式。

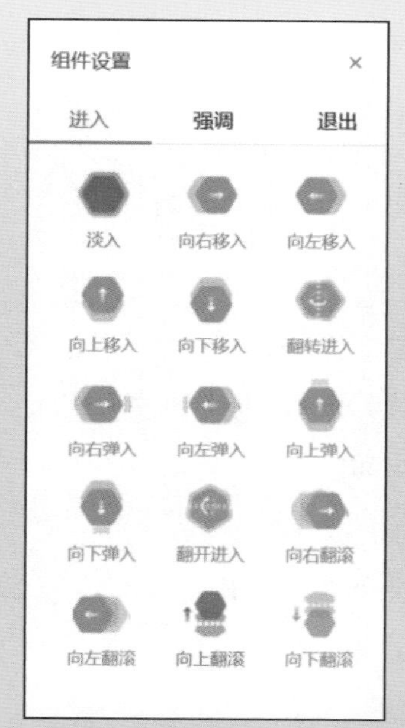

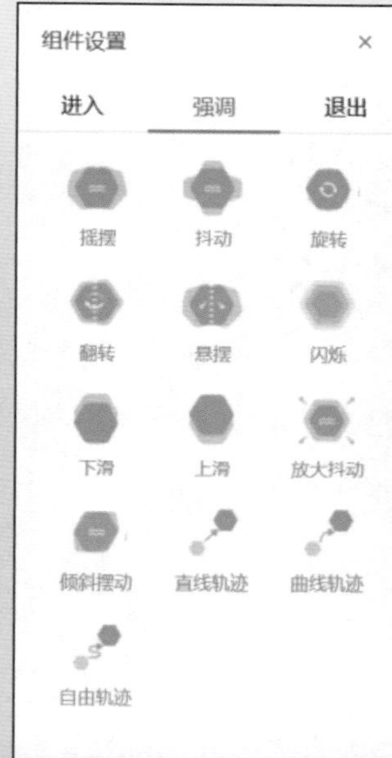

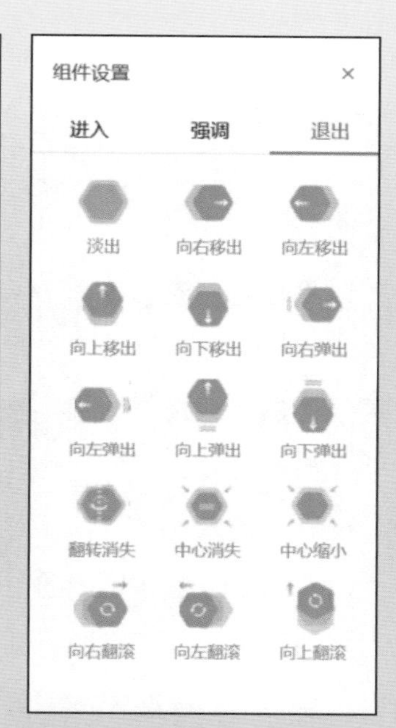

图 5-3-14　页面元素动效形式

虽然页面中的动效可以吸引用户的注意力，但是如果使用不当，也会导致用户忽略文案的内容。因此，在使用动效时需要控制好动效的节奏，降低动效的频次，平衡页面信息呈现的需求。

3. 功能性动效

功能性动效用于引导用户去完成具体的操作，如引导用户去点击某个按钮。这类动效往往展示面积小、持续时间长，在页面中显示为最小动态效果，就算在页面中一直持续地运动，也不会影响用户的浏览体验。

需要注意的是，当功能性动效出现时，页面内其他元素入场的动效都应是已完成的状态，否则很容易被其干扰。

4. 元素的形变动效

形变动效是指通过改变元素的形状、大小、颜色、位置，以及旋转角度等产生的动画效果。在使用形变动效时，需要依据具体场景来选择变化形式。常见的变化形式有图片在交互时放大，按钮在交互时改变背景色、边框或大小等。

在设计形变类动效时应注意以下几点。

（1）屏幕内的形变都使用标准曲线，即常见的缓动曲线，元素会快速加速、缓慢减速，主要用于元素变大、变小，以及其他属性改变的动效上。

（2）不对称的矩形形变，扩展时先变换高度，折叠时先转换高度。

（3）对称的矩形形变，需要宽度和高度以相同的频率变换，变换时间比不对称矩形形变稍短。

（4）当元素异步扩展时，其包含的内容（如文本或图片）也会以恒定的宽高比进行转换。

5. 平移与缩放动效

平移与缩放动效常用于在空间里查看局部或从局部查看全局的变焦运动中，形式包括平移焦点和局部缩放。在没有空间移动的情况下，通过元素本身的放大或缩小，让用户感觉元素处于更大或更小的场景内，从而营造出空间感。

6. 视差动效

视差动效是指在扁平的空间内创造空间层次，凸显主要内容。视差是不同的元素以不同的速度运动造成的视觉层次感，它能让用户的注意力集中到主要内容上。主要内容元素的运动速度较快，次要内容元素的运动速度较慢。

7. 维度动效

维度动效是指用多维的空间结构表现新元素的进场和离场。维度动效的常用形式是翻转，可以在视觉上把页面扩展成三维空间。例如，用翻转来表现卡片的离场，这样的动效能够增强表现力。

维度动效的应用能够改善扁平空间中的用户体验，增强用户的方向感，让用户产生更贴近现实的体验。

5.4 初识虚拟现实与增强现实

数字化时代，虚拟现实与增强现实技术日益成为引领科技潮流的重要力量。它们以独特的交互性和沉浸感，将我们带入视觉与感知的新世界。本节我们将一起初识虚拟现实与增强现实，探索它们的基本原理、应用领域以及对未来生活的影响，并操作虚拟现实与增强现实工具，亲身体验这些技术所带来的震撼效果。

学习目标

1. 了解虚拟现实与增强现实的基本概念、特点及应用领域。
2. 掌握虚拟现实与增强现实工具的基本使用方法，体验其应用效果。

任务1　体验虚拟现实技术

任务描述

北京故宫博物院是在明清皇宫及其收藏基础上建立起来的集古代建筑群、宫廷收藏、历代文化艺术为一体的大型综合性博物馆，也是我国最大的古代文化艺术博物馆，现有藏品180万余件（套）。小李对故宫非常向往，暑假他来到北京旅游，在故宫逛了一整天仍感到意犹未尽。晚上，他登录故宫博物院的官网，通过“全景故宫”和“V故宫”开启了虚拟现实之旅。

知识储备

“全景故宫”和“V 故宫”是与虚拟仿真技术紧密结合的应用项目，它们通过虚拟仿真技术为公众提供了全新的沉浸式故宫游览体验。在进行网上游览之前，先让我们一起来了解虚拟现实的相关知识，包括它的基本概念和相关应用。

一、什么是虚拟现实

1. 虚拟现实的定义

虚拟现实（Virtual Reality，简称 VR）是以计算机技术为核心的多种相关技术共同创造的沉浸式三维虚拟环境。在这个环境中，用户仿佛身临其境，并通过自然的交互方式与虚拟世界中的对象进行交互。

目前，虚拟现实技术已被广泛应用于游戏娱乐、教育培训、工业设计、医疗康复等多个领域。

2. 虚拟现实技术的要素

虚拟现实技术的要素包括模拟环境、感知、自然技能、传感设备、用户界面等，这些要素共同构成了虚拟现实技术的核心框架。

（1）模拟环境。模拟环境是由计算机生成的实时动态的三维立体图像，它构成了用户与之交互的虚拟世界。

（2）感知。感知是指用户通过虚拟现实技术获得的感官输入，如视觉、听觉、触觉，甚至味觉和嗅觉等。多感知的集成使得用户的虚拟现实体验更加丰富和逼真，使用户更好地沉浸在虚拟世界中。

（3）自然技能。自然技能是指用户在虚拟环境中能够使用的自然动作和手势，如头部转动、手势识别、语音命令等。通过跟踪用户的身体动作和姿态，虚拟现实系统可以实时响应用户的输入，实现更加直观和自然的交互方式。

（4）传感设备。传感设备是用户与虚拟环境进行交互的硬件接口，传感设备能够捕捉用户的动作和位置信息，并将其转化为计算机可理解的信号，从而实现用户与虚拟环境的实时交互。常见的传感设备有头戴式显示器、数据手套等，如图 5–4–1 所示。

（5）用户界面。用户界面是用户与虚拟现实系统进行交互的软件和图形界面，它负责呈现虚拟环境，并处理用户的输入和反馈。一个良好的用户界面应简洁直观、易于使用，并能够提供丰富的交互功能和个性化选项设置，以满足不同用户的需求和偏好。

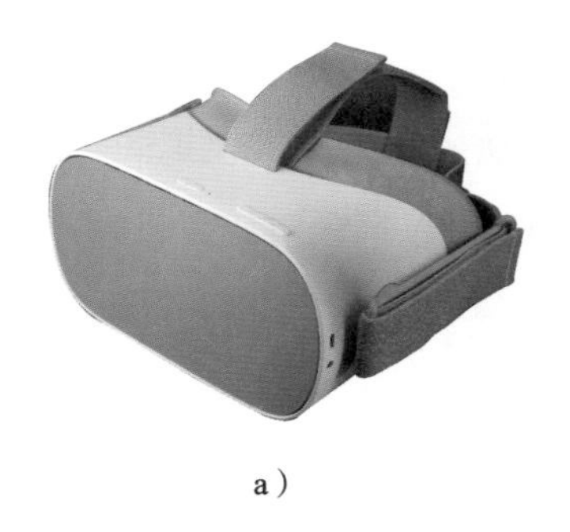
a）

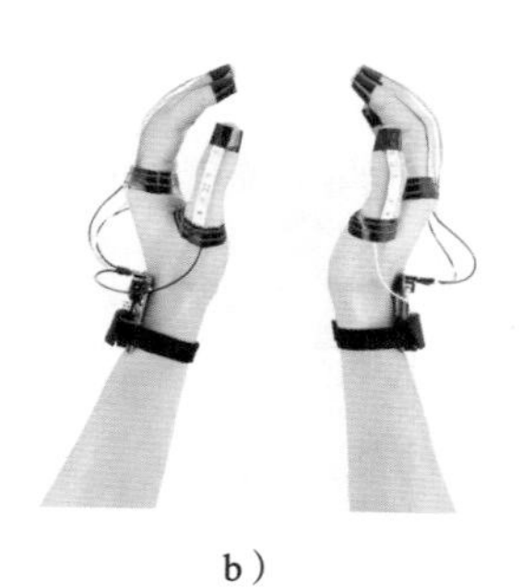
b）

图 5-4-1　常见的传感设备

a）头戴式显示器　b）数据手套

二、虚拟现实技术的应用

1. 游戏领域

虚拟现实技术为游戏玩家提供了更加真实、沉浸式的游戏体验。通过眼镜、头盔等可穿戴设备，辅以手柄、手套、地毯等配件，玩家可以身临其境地参与到游戏世界中，与虚拟对象进行互动，享受沉浸式的游戏乐趣。

2. 教育领域

虚拟现实技术提供了更加丰富多样的学习方式和体验，它可以模拟真实的课堂环境，打破地域限制，让学生在家中就能参与课堂互动。学生还可以在虚拟实验室中进行各种实验操作，探索科学原理和现象。通过模拟各种难以在现实环境中出现的场景，如历史事件、地理景观等，可以帮助学生更好地理解和掌握知识。虚拟现实技术在教育领域的应用如图 5-4-2 所示。

图 5-4-2　虚拟现实教育

3. 医疗领域

虚拟现实技术可通过模拟手术场景，为经验欠缺的医生提供模拟手术的机会，从而提高其手术技能，降低实际手术中的风险。医生还可以远程对患者进行诊断和治疗，提高医疗服务的可及性。该技术还可以通过模拟真实场景，帮助患者进行康复训练，促进患者身体功能的恢复。

任务分析

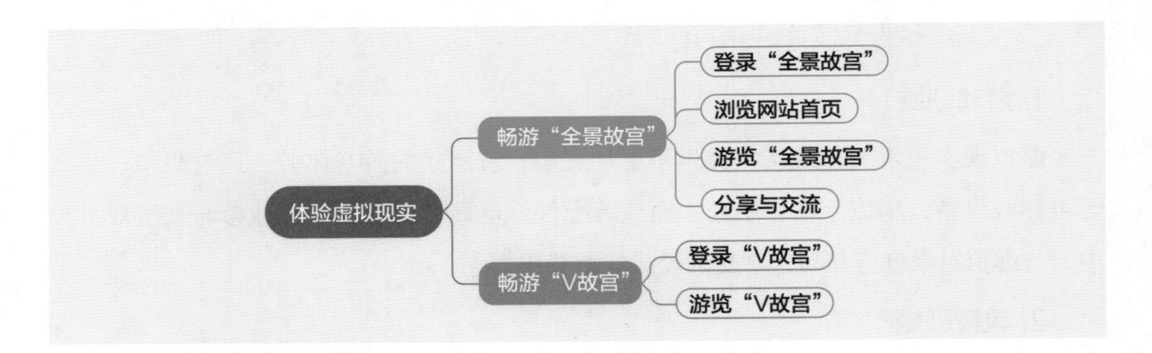

实践体验

下面我们就跟小李一起，畅游“全景故宫”和“V故宫”，沉浸式感受故宫的魅力。

1. 畅游“全景故宫”

（1）登录“全景故宫”。通过搜索引擎搜索“全景故宫”网址，进入“全景故宫”首页，如图 5-4-3 所示。

（2）浏览网站首页。浏览首页，了解网站的结构和功能，如图 5-4-4 所示。单击首页右上角的“故宫概览”，了解故宫建筑的历史；单击左上角按钮的“地图”图标，了解故宫的建筑布局。

（3）游览“全景故宫”。按照从外到内、从南到北、先外朝后内廷的顺序，依次游览故宫的各个区域。先游览午门、太和殿、乾清宫、御花园等中轴线上的建筑，再依照“地图导览”，游览中轴线东西两侧的宫殿和院落。

按照前面规划好的路线，选择相应的区域点击进入，可以通过点击页面下方的导览图切换游览场景，如图 5-4-5 所示。

图 5-4-3　“全景故宫”首页

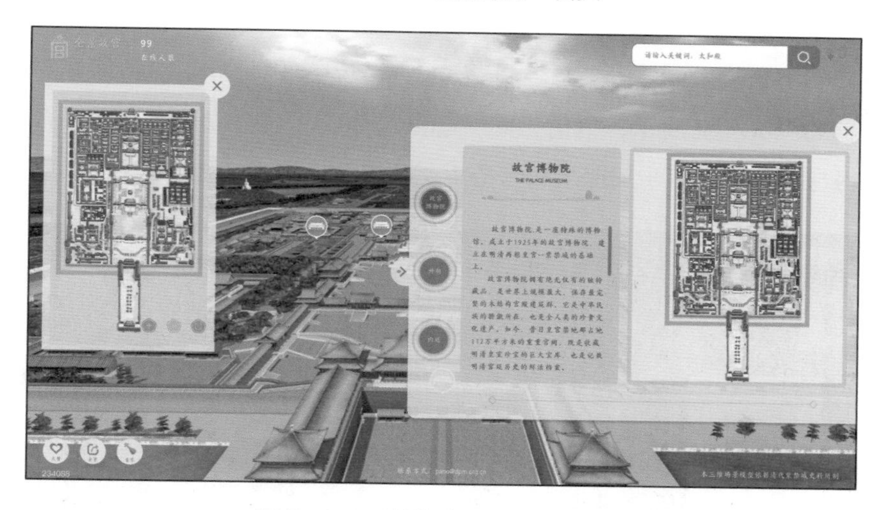

图 5-4-4　浏览“全景故宫”首页

图 5-4-5　选择浏览场景

在浏览过程中，可通过长按鼠标左键调整建筑视角，360 度观赏故宫建筑与景观。滑动鼠标滚轮可放大或缩小视图，点击白色圆环按钮可观赏建筑细节，如图 5-4-6 所示。

图 5-4-6　观赏建筑细节

（4）分享与交流。浏览完毕后，可将“全景故宫”网址分享给微信好友或分享至微博平台，如图 5-4-7 所示，邀请大家一起参与体验。还可以通过社交平台与其他观众交流心得与感受，进一步加深对故宫历史文化以及虚拟现实技术的理解和认识。

图 5-4-7　分享链接

2. 畅游“V 故宫”

（1）登录“V 故宫”。通过搜索引擎搜索“V 故宫”网址，进入“V 故宫”首页，如图 5-4-8 所示。

（2）游览“V 故宫”。依次游览养心殿、倦勤斋和灵沼轩。

1）游览养心殿。在首页地图上点击进入养心殿，点击右下角按钮切换为裸眼模式（若连接 VR 眼镜可切换为 VR 模式浏览），浏览模式如图 5-4-9 所示。

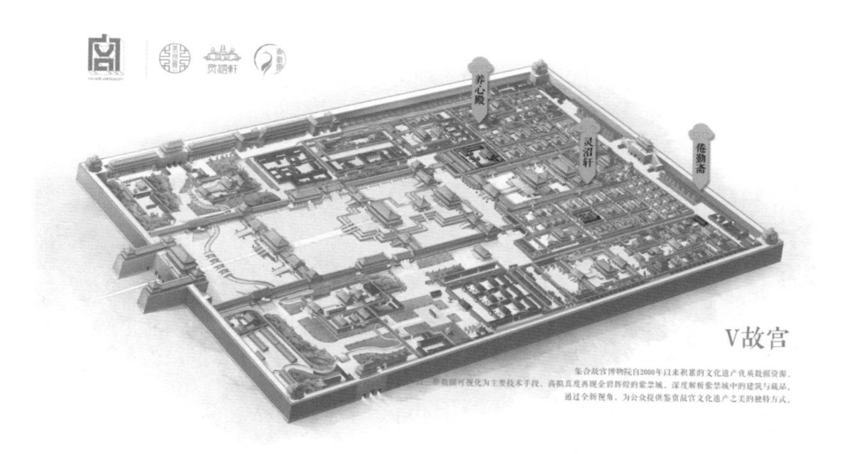

图 5-4-8　“V 故宫”首页

a）

b）

图 5-4-9　浏览模式

a）VR 模式　b）裸眼模式

点击视图中转动的白色圆圈按钮，如图 5-4-10 所示，了解细节详情，参与互动。在浏览过程中，长按鼠标左键可调整视角，滑动鼠标滚轮可放大缩小视图。

图 5-4-10　了解细节详情

2）游览倦勤斋。在首页地图上点击进入倦勤斋，跟随故宫古建筑保护团队成员进行浏览，根据提示参与互动，如图 5–4–11 所示。在浏览过程中可通过移动鼠标旋转视角，通过方向键或“W”“A”“S”“D”字母键控制角色走动。

图 5–4–11　跟随游览

若出现黄色提示区域，如图 5–4–12 所示，可点击键盘“空格”键参与互动，完成传统工艺小游戏与相关知识问答。

图 5–4–12　参与互动

跟随游览结束后，可自行参观游览。

3）游览灵沼轩。在首页地图上点击进入灵沼轩，如果在手机打开网页则可使用 VR 模式进行浏览，如图 5–4–13 所示。在语音讲解的帮助下，浏览灵沼轩，了解灵沼轩建筑的历史文化。

图 5-4-13　选择浏览模式

巩固提高

尝试使用街景地图查看当前地点的周围环境。

提示：下载并安装高德地图或百度地图等支持街景功能的第三方应用。

打开地图应用后，定位到想要查看街景的地点。可以通过在搜索栏输入地址或地点名称来快速定位。

定位到目标地点后，点击“街景”按钮，可以通过手指在屏幕上滑动，360 度查看周围的街景，也可以使用放大和缩小功能来调整查看的区域范围。

任务 2　体验增强现实技术

任务描述

在北京旅游这几天，小李还准备去国家体育馆和中国工艺美术馆参观。这天，他先参观了国家体育馆，从国家体育馆出来后，他准备前往中国工艺美术馆。他打开手机上的地图应用软件，搜索“中国工艺美术馆”，发现距离并不远，决定步行前往。为了能保持前进方向的正确性，他打开了软件中步行导航的“智能定向”功能。这个功能利用手机摄像头进行实景拍摄，并同步反馈信息，可以帮助使用者定位正确的步行方向。地图应用软件的“智能定向”功能如图 5-4-14 所示。

图 5-4-14　地图应用软件的“智能定向”功能

知识储备

在正式探索基于增强现实技术的情景互动前，先让我们一起来了解增强现实技术的概念及其主要应用领域。

一、什么是增强现实

1. 增强现实的定义

增强现实（Augmented Reality，简称 AR）也被称为扩增现实，是指将计算机生成的虚拟物体或信息叠加到真实场景中，从而提供一种虚实交互的新体验，为用户展示更丰富有效的信息。

增强现实是通过将现实世界中难以体验的实体信息进行模拟仿真处理，并将生成的虚拟信息叠加在真实世界中，使之能够被人类感官所感知，从而实现超越现实的感官体验。

2. 增强现实技术的特点

增强现实技术是一种将虚拟信息与真实世界巧妙融合的技术，它具有以下三个突出特点：一是可以实现现实世界和虚拟世界信息的叠加与集成；二是具备实时交互性，允许用户与虚拟元素进行即时互动；三是可以在三维空间中增加、定位虚拟物体。

二、增强现实技术的应用

增强现实技术并非用虚拟世界代替真实世界，而是利用附加信息去增强用户对真实世界的感官认识，其在文化、旅游、教育等领域都有着广泛的应用。

1. 文化领域

在文化领域中，可以运用增强现实技术将虚拟的三维模型与实际的文化遗产场景结合，参观者可以更详细地了解历史建筑、文物等文化遗产的具体信息。利用增强现实技术，艺术家可以将虚拟的图像、音乐和动画与实际的艺术品结合，使得观众可以通过 AR 应用与艺术作品进行互动。应用虚拟现实技术建立虚拟博物馆和美术馆，用户就可以通过手机或 AR 眼镜等设备，采用虚实结合的方式，远程参观各地的博物馆和美术馆。如图 5-4-15 所示为安徽博物院推出的 AR 导览，为观众带来了 3D 视觉体验。

图 5-4-15　AR 数字博物馆应用

2. 旅游领域

增强现实技术在旅游领域的应用正不断扩展，为游客带来了更加丰富、具有互动性和沉浸式的旅游体验。游客可以通过手机或 AR 眼镜等设备，在景区内实时识别建筑、文物等，并即刻获得相关介绍信息。AR 技术可以将虚拟角色、游戏场景等融合到景区中，为游客带来独特的旅游体验。借助 AR 技术和高速的移动互联网，游客可以随时随地进行旅游规划和导航。通过 AR 应用，游客可以获取景点、商场、餐厅等地的详细介绍和推荐路线，从而更加便捷地安排行程与导航。如图 5-4-16 所示为北京东城文旅推出的 AR 伴游体验项目。

图 5-4-16　麒东东 AR 伴游

3. 教育领域

增强现实技术在教学应用方面具有巨大的潜力和优势。增强现实技术能够将抽象的概念、理论和模型以直观、立体的方式呈现出来，从而帮助学生更好地理解和掌握所学知识。借助增强现实技术，教师可以创建交互式的教学环境，让学生在参与互动的过程中学习和掌握知识。对于一些复杂、危险的实验或操作，增强现实技术可以提供安全的模拟环境，让学生在虚拟环境中进行实践操作。对于某些难以到达或实地考察成本较高的地方，增强现实技术可以创建虚拟的实地考察环境。如图 5–4–17 所示为在空无一物的室内，用带有 AR 应用程序的平板电脑模拟家居设计效果。

图 5-4-17　AR 模拟设计

知识拓展

增强现实技术与虚拟现实技术两者既有联系又有区别，具体体现在使用场景、交互方式、操控设备等方面。

1. 使用场景

虚拟现实强调虚拟世界的沉浸感，是一种通过计算机生成的完全虚假的环境，用户通过特定的设备（如头戴式显示器、手柄等）与虚拟世界进行交互，仿佛置身于一个完全由计算机创造出来的世界中。而增强现实强调在真实场景中融入计算机生成的虚拟信息，不隔断观察者与真实世界之间的联系，它通过在现实世界中添加虚拟元素来增强用户的感知和体验。

2. 交互方式

虚拟现实技术主要通过虚拟控制器（如手柄、头部追踪等）或手势识别等方式与虚拟世界进行交互，例如抓取、移动虚拟物体等。而增强现实技术则通过实时计算和图像识别，将虚拟元素与现实环境进行无缝结合，用户在与虚拟元素交互的同时，也能保持对现实环境的感知。

3. 操控设备

虚拟现实主要使用头戴式显示器，配备各种传感器和输入设备，如头部追踪器、手柄等，以捕捉用户的动作和位置信息，从而实现与虚拟环境的交互。增强现实的设备则更加多样化。除了头戴式显示器外，还可以通过手机、平板电脑等移动设备的屏幕来呈现虚拟元素。

任务分析

任务实践

在本任务中，小李使用的是高德地图，你也可以尝试使用其他地图应用软件。

1. 开启步行导航

在手机上打开高德地图，搜索“中国工艺美术馆”，切换到步行导航，点击“开始步行导航”，如图 5-4-18 所示。

2. 开启“智能定向”

进入步行导航后，点击界面右下角的“智能定向”功能图标，开启“智能定向”导航，如图 5-4-19 所示。

图 5-4-18　开启步行导航

图 5-4-19　开启“智能定向”

3. 按导航提示前行

在前进过程中，只需抬起手机拍摄街景，按导航提示前行即可，如图 5-4-20 所示。

4. 到达终点

在靠近目的地时，可看到如图 5-4-21 所示的终点提示。

图 5-4-20　按导航提示前行

图 5-4-21　终点提示

巩固提高

在一次社团活动中，小李需要测量课桌的长度，可他的手边没有测量工具。他想到利用手机自带的“AR 测量”工具进行操作。他打开该软件应用，用手机缓缓移动设备，寻找物体所在平面，添加起点和终点，这时手机屏幕上就显示出来两点之间的长度。你也快来试一试吧！

拓展与探究

探索元宇宙与数字孪生

元宇宙与数字孪生作为前沿科技，不仅推动了数字经济的发展，丰富了人们的社交与生活体验，还为企业决策提供了强大的数据支持，成为推动社会进步和创新的重要力量。让我们一起来探索这两个神秘且充满潜力的新领域吧！

1. 体验元宇宙虚拟空间

元宇宙是一个虚拟的数字宇宙，包含了数字世界中的虚拟环境、物体和社交互动，旨在连接人类在数字世界和现实世界中的各种信息和资源，为人们提供了丰富、多样化的社交体验，为教育、商业、娱乐等领域带来了更多的机会，如虚拟实验、虚拟商店、虚拟广告和促销活动等。元宇宙对数字社会的发展产生了深远影响，它提高了信息流通的效率，推动了数字经济的快速发展。

2. 探索数字孪生世界

数字孪生是一种虚拟模型，它通过数字技术对现实世界中的物理实体、系统或过程进行模拟和仿真。这一虚拟模型与其物理对应物保持同步，全面反映物理对应物的全生命周期过程。

数字孪生广泛应用于制造业、城市规划、医疗保健等领域，可以帮助企业提升生产效率、降低成本、优化决策。随着物联网技术的发展，数字孪生将逐渐覆盖更多领域，助力各领域实现更加精细化的监测和控制。

（1）智能制造。在智能制造领域，汽车制造商通过数字孪生技术，模拟整个汽车的生产过程，从零部件制造到整车组装，再到质量检测等各个环节。通过虚拟空间中的模拟实验，制造商能够发现生产过程中的潜在问题，并提前进行优化改进，不仅提高了产品质量和生产效率，还降低了生产成本和废品率。

（2）智慧城市。在智慧城市建设中，通过构建数字孪生模型，模拟城市的交通流量、能源消耗、环境质量等关键指标，通过实时监控和数据分析，城市管理者能够发现潜在的问题和瓶颈，制定更加科学合理的城市发展方案。

（3）医疗领域。在手术过程中，医生可以通过数字孪生技术模拟手术过程，预测手术效果，从而制定更加精准的手术方案。数字孪生技术还可以用于患者康复过程中的模拟和预测，帮助医生制订更加个性化的康复计划。

随着技术的不断发展，元宇宙与数字孪生的融合将成为可能。用户不仅可以在元宇宙中体验虚拟世界，还可以通过数字孪生技术，将现实世界的数据和信息带入虚拟空间，实现更加真实、智能的互动体验。

第六单元

走向智能社会
——人工智能技术应用

人工智能技术的迅速发展推动着人类进入智能化社会。当前，人工智能技术已经从研究领域转变为广泛应用于各行各业的实用技术，深入我们的生活。例如，智能家居系统可以通过语音识别控制家里的智能设备，自动驾驶汽车可以分析路况并自主导航行驶，在智慧校园中我们可以通过人脸识别进入图书馆……特别是大模型和生成式人工智能的出现，体现了人工智能在自然语言处理和图像生成等方面的惊人能力，极大地推动了教育自动化和内容创作的进步。

本单元我们将一起了解人工智能的起源与发展，人工智能的核心技术、应用领域及其可能带来的风险，认识最新的人工智能技术——大模型以及生成式人工智能，并亲身体验利用人工智能技术如何辅助我们的学习和创作过程，感受人工智能技术带来的巨大影响，为适应智能社会做好准备。

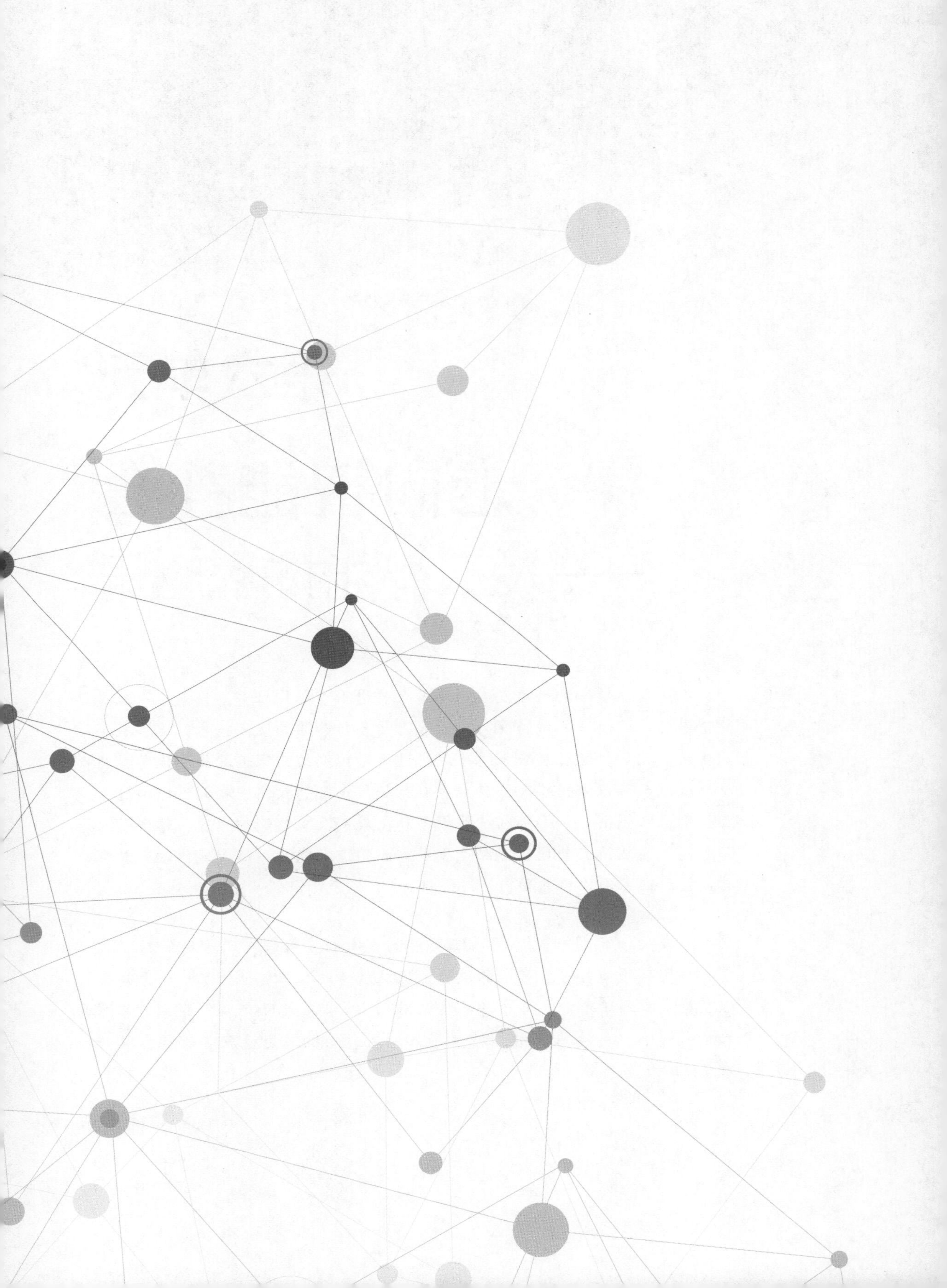

6.1 认识人工智能

在日常生活中，当我们向智能手机的语音助手询问天气时，它会给我们满意的答复；当我们浏览购物网站时，它会为我们推荐感兴趣的商品；当我们进入校园时，智能闸机会自动识别出我们的身份。这些智能应用的背后都有着强大的人工智能系统支持。那么，什么是人工智能呢？

人工智能（Artificial Intelligence，简称 AI），就是让机器能够模仿人类的学习、判断和解决问题的能力，让它们在特定的任务上变得更聪明、更有用。形象地讲，人工智能就像是给计算机或机器装上了一个“智慧大脑”，让它们能够像人类一样思考和学习。

学习目标

1. 了解人工智能的起源与发展。
2. 了解人工智能的主要实现方法。
3. 了解人工智能的应用领域及其存在的风险。
4. 体验人工智能在图像识别方面的能力。
5. 体验大语言模型对学习带来的变革。

任务 1　了解人工智能

任务描述

为了帮助同学们理解深度学习技术，培养大家运用人工智能工具的能力，李老师准备开展一个有趣的学习活动：请同学们使用百度大脑植物识别系统进行植物名称的识别。李老师准备了10张不同植物的图片（参见“素材库/第六单元/6.1/任务1/植物图片”），请同学们在百度大脑植物识别系统上进行识别，如图6-1-1所示。同学们在记录结果的同时，根据已知的正确答案，判断系统识别的正误，完成植物识别任务记录表，见表6-1-1。

图6-1-1　正确识别（左）和错误识别（右）

表6-1-1　植物识别任务记录表

图片序号	正确答案	植物识别系统答案记录		
		识别结果	用时	是否正确
1	水仙			
2	水仙			
3	睡莲			
4	玫瑰			
5	蒲公英			
6	三角梅			
7	郁金香			
8	香蕉			
9	草莓			
10	茉莉			

知识储备

在生活中，人工智能应用已经无处不在。我们面对手机开启屏幕的时候，它能

“认识”我们并解锁屏幕；我们向智能音箱发出指令的时候，它能“听懂”我们并完成任务；我们和大模型对话的时候，它能“理解”我们并给出相应的回复。越来越强大的人工智能是如何诞生的呢？

一、人工智能的起源与发展

1. 人工智能的起源

1950年，英国数学家、逻辑学家艾伦·麦席森·图灵发表了《计算机器与智能》，这篇论文中提出了著名的图灵测试，为人工智能的研究和发展奠定了理论基础和方法论，因此图灵被称为“人工智能之父”。

1956年的达特茅斯会议是目前被公认的人工智能的起源。在这次会议上，正式确立了人工智能这一研究领域。会议主要讨论了智能机器能否使用语言、抽象概念是否可以由机器学习、机器能否自我提升等问题。会议的一个重要共识是，确定了“人工智能”的名称，并且指出研究人工智能是一个跨学科的领域，需要数学、逻辑学、心理学和计算理论等领域的知识。

2. 人工智能的发展

1956年被称为人工智能的诞生元年。在接下来的几十年里，人工智能的发展既经历过辉煌，也经历了落寞，最终成为今天推动时代前进的巨大引擎。

人工智能的主要发展阶段如图6-1-2所示。

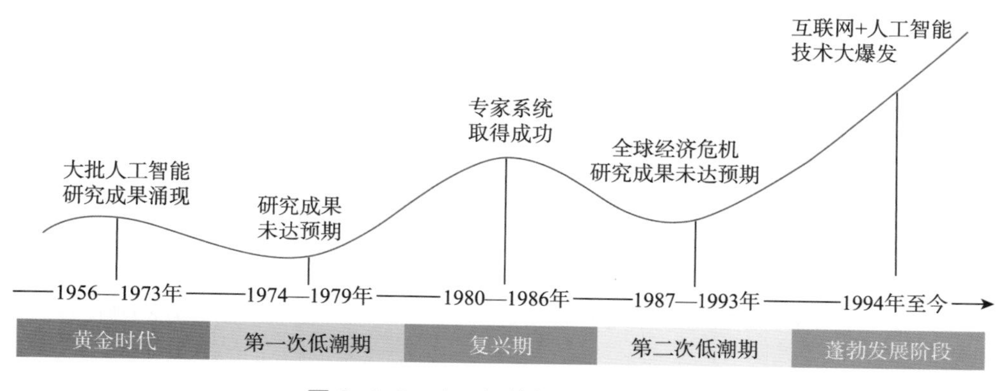

图6-1-2　人工智能的主要发展阶段

（1）黄金时代（1956—1973年）。从人工智能诞生的1956年到1973年，涌现了大批人工智能研究成果和新的研究方向，因此被称为人工智能的黄金年代，产生了可以解答数学题目、可以学习和使用英语等令人震撼的成果。因此，研究者们普遍存在未来10~20年机器将达到人类智能的乐观思潮。

（2）第一次低潮期（1974—1979 年）。1974—1979 年，人工智能研究经历了所谓的“AI 冬天”，即第一个低潮期。由于计算机硬件限制、方法论的局限性，以及对研究复杂性的低估，导致研究成果远远未能达到人们的预期，使得人工智能研究举步维艰。

（3）复兴期（1980—1986 年）。沉寂多年之后，人工智能在 1980 年迎来了第一个复兴期，专家系统在商业应用中的成功重新吸引了人们的关注。此外，逻辑编程语言、早期的机器学习、认知科学与人工智能的结合等促进了算法和理论的进步。这一时期的繁荣为后来人工智能技术的发展奠定了基础。

（4）第二次低潮期（1987—1993 年）。20 世纪 80 年代末全球范围的经济危机也波及了对人工智能研究的投入。与第一次“AI 冬天”类似，研究者过于乐观，但实际成果并没有达到预期。此外，学术和技术瓶颈也导致研究很难在短期内有所突破。

（5）蓬勃发展阶段（1994 年至今）。伴随着互联网时代的到来、机器学习的突破、硬件技术的发展，以及大数据与云计算的兴起，人工智能从 20 世纪 90 年代中期进入蓬勃发展阶段。深度学习的复兴、ImageNet 挑战的成功、AlphaGo 的胜利展示了人工智能技术的潜力，使其受到社会各界的关注。人工智能研究持续高速发展，并不断涌现令人振奋的成果。如今，人工智能已经成为创新和发展的重要驱动力。未来，可能会出现更智能的机器助手、更准确的预测模型，以及全新的解决方案，带领我们进入更加智能的社会。

二、机器学习与深度学习

算法是实现人工智能的核心，人工智能通过算法来实现智能功能或完成智能任务。机器学习是实现人工智能的重要方法之一，深度学习则是机器学习的一个分支。

1. 机器学习

机器学习是通过数据分析、算法设计和模型训练，赋予计算机自我学习和逐渐改进性能的能力。

机器学习的过程就像是教计算机如何从大量的数据中学习。首先，我们把很多数据，比如照片、文字或者数字输入计算机。计算机会用一种特别的学习方法（我们称之为算法）去学习这些信息，这个过程叫作“训练”。在训练中，计算机会学会识别这些数据的模式（即这些数据中蕴含的潜在规律或关系），并记住这些模式。我们把计算机记住的这些模式叫作“模型”。有了“模型”之后，当我们给计算机输入它没见过的新数据时，计算机就可以用它学到的模式来识别这些新数据是什么，这个识别的步骤称为“预测”。即在机器学习中，是由“训练”形成“模型”，再用这个“模型”去做“预测”。将机器学习的过程与人类思考的过程类比，如图 6–1–3 所示。

机器学习在模式识别、统计学习、数据挖掘、计算机视觉、语音识别、自然语言处理等领域有着广泛的应用。

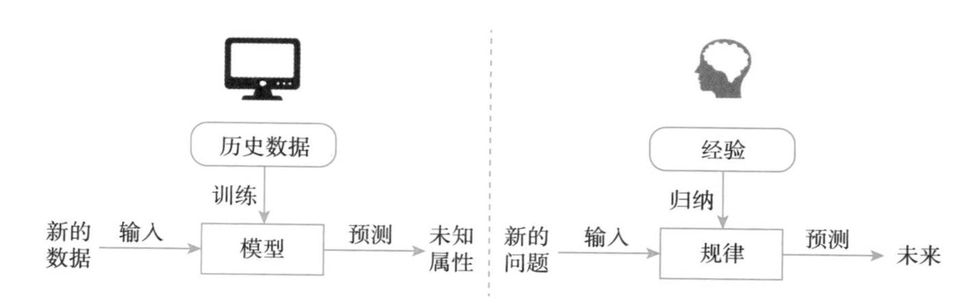

图 6–1–3　机器学习与人类思考的类比

2. 深度学习

机器学习包括多种基础算法，其中人工神经网络是特别突出的一类。随着技术的发展，神经网络的“层数”越来越多，进而催生了“深度学习”。因此，深度学习可以被视为机器学习的一个分支。本质上，深度学习是一个三层或更多层的神经网络。这些神经网络试图模拟人脑（尽管目前还远未达到人脑的功能水平），并支持从大量数据中进行“学习”。借助多层网络结构，深度学习能够自动提取出数据的更多特征，从而实现更加准确的预测。机器学习与深度学习的区别与联系如图 6–1–4 所示。

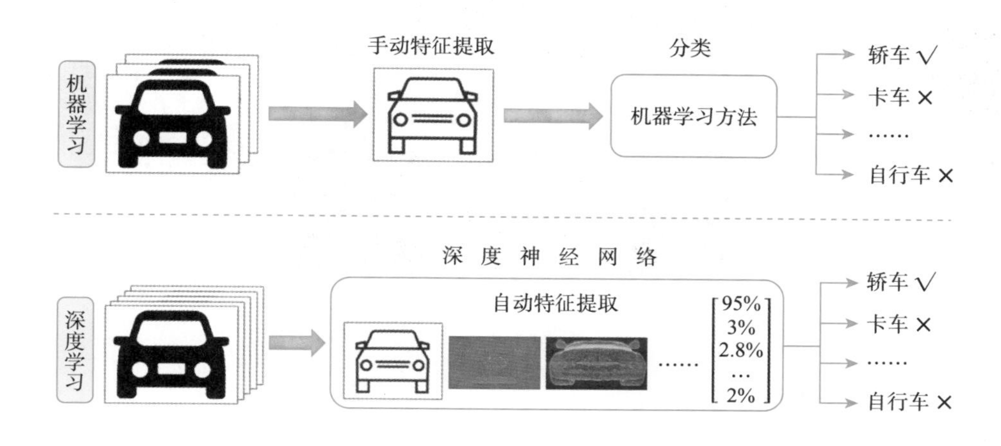

图 6–1–4　机器学习与深度学习的区别与联系

任务分析

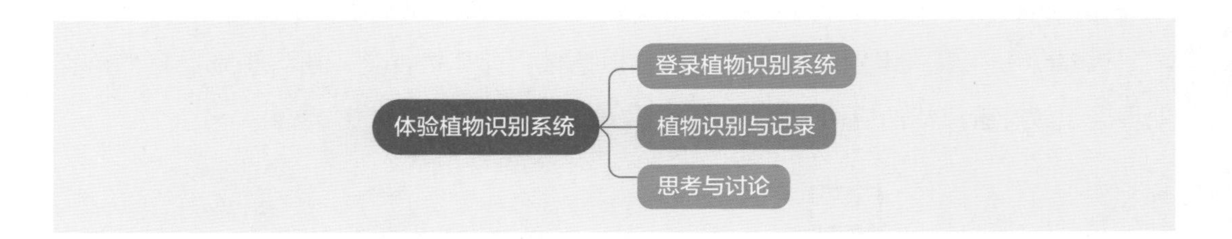

任务实践

下面我们就将这 10 张图片依次上传至植物识别系统，记录识别结果，同时判断识别结果正确与否，填写任务记录表。

1. 登录植物识别系统

我们使用百度 AI 能力体验中心的植物识别系统完成本任务。打开浏览器，搜索“百度 AI 能力体验中心”，单击打开中心首页，单击首页右上角的“登录”链接，如图 6-1-5 所示。按提示完成登录，登录后单击“植物识别”，进入植物识别系统。

图 6-1-5　百度 AI 能力体验中心首页

2. 植物识别与记录

单击植物识别系统页面功能体验区的“本地上传”按钮，如图 6-1-6 所示，即可上传图片进行识别。

图 6-1-6　植物识别系统功能体验区

在图片选择窗口中选择要识别的图片 1（见素材库），单击“打开”按钮后，植物识别系统开始加载并识别所选图片，整个过程大约持续 1 ~ 4 秒。识别完成后，页面显示出所选图片，图片右上角显示出识别结果，如图 6-1-7 所示。经植物识别系统识别，该植物为水仙的概率是 0.551，是黄水仙的概率是 0.377，是半钟铁线莲的概率是 0.044。对比已知的正确答案，确认此次植物识别的结果是准确的。

图 6-1-7　植物识别正确结果

接下来依次进行每一张图片的识别，并在记录表中填写识别结果。以上图为例，按表 6–1–2 的示例完成表格填写。

表 6–1–2　植物识别任务记录表（示例 1）

图片序号	正确答案	植物识别系统答案记录		
		识别结果	用时	是否正确
1	水仙	水仙：0.551 黄水仙：0.377 半钟铁线莲：0.044	2 秒	正确

然而，植物识别系统给出的识别结果并不总是正确的，如图 6–1–8 所示，图片 2 同样是水仙图片，系统的识别却出现了错误。我们同样将它记录在任务表中，见表 6–1–3。

图 6–1–8　植物识别错误结果

表 6–1–3　植物识别任务记录表（示例 2）

图片序号	正确答案	植物识别系统答案记录		
		识别结果	用时	是否正确
1	水仙	水仙：0.551 黄水仙：0.377 半钟铁线莲：0.044	2 秒	正确
2	水仙	吊兰：0.725 酒瓶兰：0.058 春兰：0.044	3 秒	错误

3. 思考与讨论

植物识别系统对我们认识植物有很大帮助，但是根据植物识别系统回答的结果，我们也发现它存在一些不足。请思考并讨论以下两个问题。

（1）对于特别容易混淆的植物，怎么能提高系统识别的准确率呢？

（2）对于一些拍摄不是很清晰的图片，怎么能让系统正确识别呢？

巩固提高

了解并体验其他图像识别、语音识别等人工智能工具，如阿里云视觉智能开放平台、讯飞听见等。

任务 2　体验人工智能应用

任务描述

目前，我国的大语言模型如雨后春笋般涌现，如百度的文心一言、科大讯飞的星火大模型、阿里云的通义千问等。为了让同学们对大语言模型的能力有真切的体验，李老师准备了一些题目，先请同学们自行作答，之后再对大语言模型进行相同的提问，最后根据已知的正确答案，判断大语言模型回答的正误，填写表 6-1-4。

表 6-1-4　体验文心一言任务记录表

序号	题目	我的答案	文心一言回答结果	正确答案	文心一言是否正确
1	什么是倒数？				
2	判断正误：零没有立方根。				
3	*A*、*B* 是数轴上原点两旁的点，则它们表示的两个有理数（　　）。 A. 互为相反数				

续表

序号	题目	我的答案	文心一言回答结果	正确答案	文心一言是否正确
3	B. 绝对值相等 C. 是符号不同的数 D. 都是负数				
4	保险丝是如何起保护作用的？				
5	2024年1月17日，在文昌航天发射场发射了什么飞船？				
6	鲁迅的《自嘲》诗中有一句是：“运交华盖欲何求”，它的后半句是什么？				
7	中译英：篮球比赛获胜时，我为他们的成功感到骄傲。				

知识储备

人工智能正在改变我们的生活和工作，它可以是智能助手，也能够进行人脸识别，还可以应用到虚拟现实和自动驾驶等领域。同时，伴随着这些令人兴奋的技术，我们也面临着新的挑战和风险，如怎样保护个人数据的隐私？如何确保技术的发展符合伦理标准？以及如何评估它们对社会的影响等。

让我们一起来探索人工智能的应用领域，并思考随之而来的责任与挑战。

一、人工智能的应用领域

1. 自然语言处理

我们已经习惯了与电商平台的智能客服机器人聊天，也经常通过语音操控智能音箱播放自己喜欢的音乐，这些便捷的技术正是通过自然语言处理（Natural Language Processing，简称 NLP）实现的，如图 6-1-9 所示。

自然语言处理是计算机科学、人工智能和语言学领域的一个分支，它研究的是计算机和人类（自然）语言之间的相互作用，目的是让计算机能够理解和生成人类语言的内容。通过自然语言处理，机器不仅能"听懂"我们的话，还能"读懂"我们写的文字，让人与机器之间的交流变得更加自然和顺畅。

a）

b）

图 6-1-9　自然语言处理的应用

a）与智能客服机器人聊天　b）与智能音箱交流

自然语言处理在我们日常生活中应用非常广泛，例如银行、电信公司的智能客服机器人可以理解客户的问题，并进行回答；电商平台通过分析用户的购买记录、评价等信息，了解用户对商品的喜好，从而实现精准推荐；人们在旅行时，可以利用自动翻译工具提供的即时语言翻译服务，跨越语言障碍。

2. 智能语音

智能语音处理是自然语言处理的一个分支，简单来说，就是让机器能听懂人类的语言，甚至还能和我们对话。在这个过程中，我们的声音首先被转化成数字信号，然后被解密成文字，接着机器通过理解这些文字来执行命令，如图 6-1-10 所示。

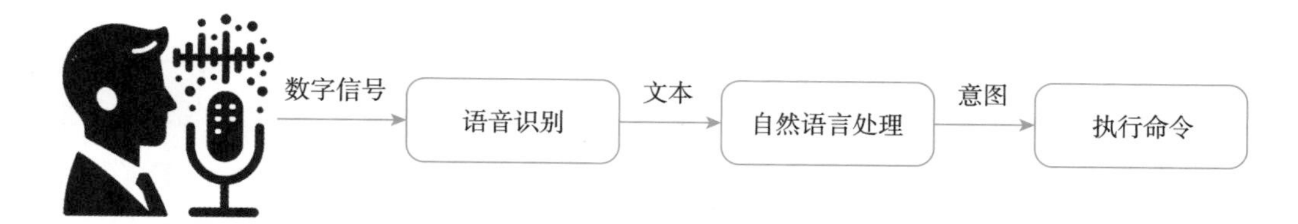

图 6-1-10　智能语音处理的流程

智能语音处理被应用在许多领域，让我们的生活变得更加便捷。例如，在智能家居中，我们可以通过语音命令控制家里的灯光、空调、电视；在很多新型汽车中，我们可以通过语音控制导航系统、播放音乐或者打电话；在智能制造企业，工人可以通过语音控制系统、控制机械动作等。

3. 计算机视觉

通过“人脸识别”解锁手机屏幕依靠的就是计算机视觉技术。计算机视觉是一门让机器能够理解和解释从摄像头或图像中获取的视觉信息的科学，就像给机器装上了一双“眼睛”，让它们能“看”懂图片或视频里的内容。

在我们的日常生活中，计算机视觉技术的应用无处不在。例如，在无人售货超市，系统可以自动识别我们选购的商品并完成结账；在校园图书馆门口，系统会自动识别我们的身份并打开图书馆门禁；自动驾驶汽车能“看到”行人、车辆和交通标志，实现安全导航和行驶。

那么，计算机视觉是怎么工作的呢？首先，需要一个摄像头或相机来捕捉现实世界的图像或视频。接着进行图像预处理，即通过调整大小、裁剪、转换颜色等步骤，对捕捉到的图像进行清洗和优化，让后续的处理更加有效。然后对图像进行特征提取，识别图像中的特定特征，如边缘、角点或特定对象的形状。最后，利用机器学习算法，根据提取的特征对图像进行分类或识别，从而“理解”图像内容。

4. 人机交互

人机交互是专注于研究人和计算机之间如何更加自然、高效地相互作用的科学。它不仅研究自然语言处理、智能语音和计算机视觉等技术本身，更关注人们如何使用这些技术，使得我们与机器的沟通变得像是与人类交流一样自然和顺畅。例如，通过简单的触摸、滑动操作智能手机和平板电脑的触控屏，我们就能浏览网页、打开应用程序，这是最常见的人机交互应用之一；一些游戏支持玩家通过手势进行控制，如摆动手臂、使用手势、倾斜身体；智慧课堂上，教师和学生可以通过交互式电子白板书写、拖动、播放视频……这些都是人机交互技术的应用。

那么，人机交互是如何工作的呢？简单来说，它通过各种传感器来捕捉我们的动作、声音甚至是眼神，然后通过一系列复杂的算法处理这些信息，最后以我们能理解的方式给出反馈。这个过程就像是一个循环，确保我们与机器之间的对话能够顺畅、自然地进行。

我们与计算机交互的界面就是一个经典的人机交互场景。如图 6-1-11 所示，人机交互界面从最初的命令行界面，发展到图形化界面，随后出现触摸式界面，进一步以三维交互的形式呈现，使得人类和机器的交互行为越来越符合人类的生理和认知习惯。

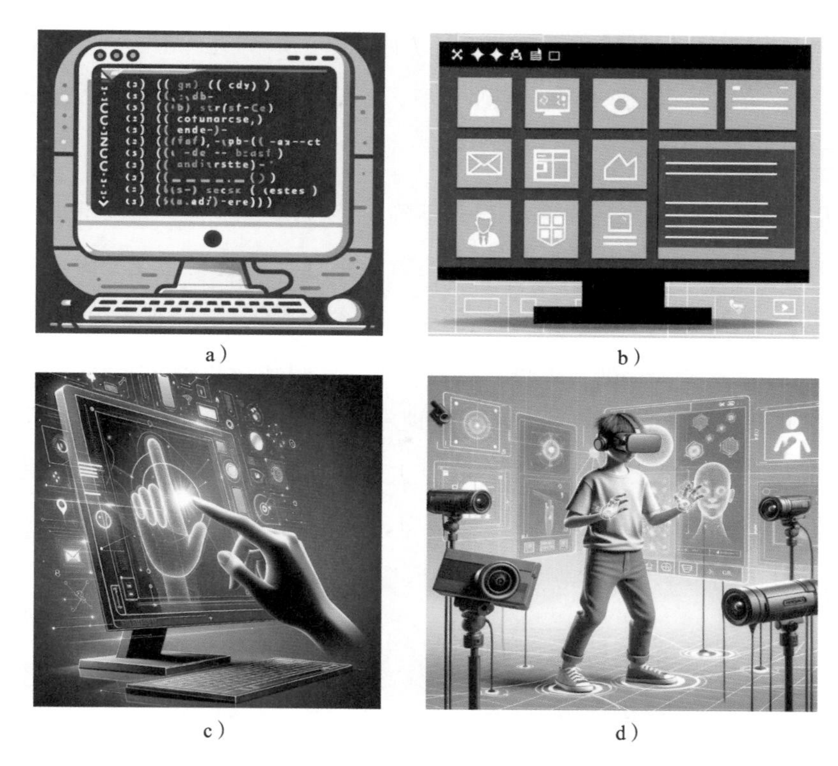

图 6-1-11　人机交互界面的发展

a）命令行界面　b）图形化界面　c）触摸式界面　d）三维交互界面

二、人工智能带来的风险

人工智能技术通过模仿人类的学习过程，提高了效率和准确性，但同时也带来了诸如数据隐私泄露、伦理规范等问题。在享受人工智能技术带来的便利的同时，我们需要审慎评估这些技术带来的风险，确保人工智能技术更好地服务于人类的可持续发展。

1. 数据隐私与安全

数据隐私与安全，简单来说，就是保护我们的个人信息和敏感数据不被未经授权的人访问、泄露或滥用。

人工智能系统需要大量的数据来训练和运行，这可能涉及敏感数据或个人信息的收集和处理。如果没有适当的数据保护措施，可能会侵犯个人隐私，甚至导致数据泄露。因此，伴随人工智能应用的普及所引发的数据隐私与安全的风险，受到社会各方面的普遍关注。

2021 年，我国正式颁布了《中华人民共和国数据安全法》和《中华人民共和国个人信息保护法》，2024 年配套推出了《网络数据安全管理条例》。以上法律法规的发布标志着我国将数据安全保护的政策要求通过法律文本的形式进行了明确和强化，体现了我国数据安全政策体系建设取得重大战略进展，数据安全工作迈入了新阶段。

2. 人工智能伦理规范

人工智能技术的快速发展带来了很多不确定性，这些不确定性也带来了诸多全球性挑战，引发重大的伦理关切。什么是人工智能伦理与社会责任呢？简单来说，就是在开发和使用人工智能技术时，应充分考虑有关隐私、偏见、歧视、公平等伦理关切，确保我们的行为符合道德标准，尊重人权，保护个人隐私，并对社会和环境负责。

2021 年 9 月，我国新一代人工智能治理专业委员会发布了《新一代人工智能伦理规范》，旨在将伦理道德融入人工智能全生命周期，为从事人工智能相关活动的自然人、法人和其他相关机构等提供伦理指引，其中明确提出 6 项基本伦理要求，如图 6–1–12 所示。

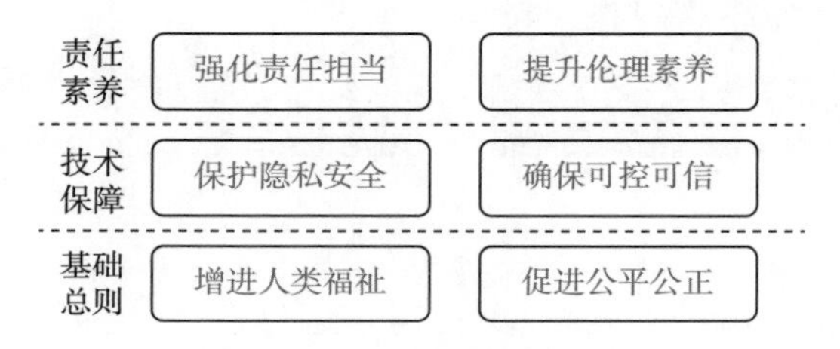

图 6–1–12　人工智能活动的基本伦理要求

知识拓展

在我们的日常生活中，数据隐私泄露的风险无处不在。那么，如何防止我们个人的数据隐私泄露、保护数据安全呢？

（1）提高防范意识，要了解哪些个人信息是敏感的、是应该被保护的，如我们的身份信息、银行账号、登录密码等。

（2）要谨慎分享信息，尤其是在社交媒体和公共 Wi–Fi 环境下，不要随意登录不明网站。

（3）定期更新密码，使用复杂的密码组合，不要使用自己的电话号码、生日等数字作为密码，不要在多个网站使用相同的密码等。

（4）利用现代技术帮助保护隐私，如安装防病毒软件，并定期更新等。

随着人工智能技术的发展，新兴的职业机会不断涌现，例如人工智能工程技术人员、数据安全工程技术人员、生成式人工智能系统应用员等高技能岗位需求日益增长。我们要积极参与科创项目，培养自己的创新意识，为更好地适应人工智能时代打下基础。

任务分析

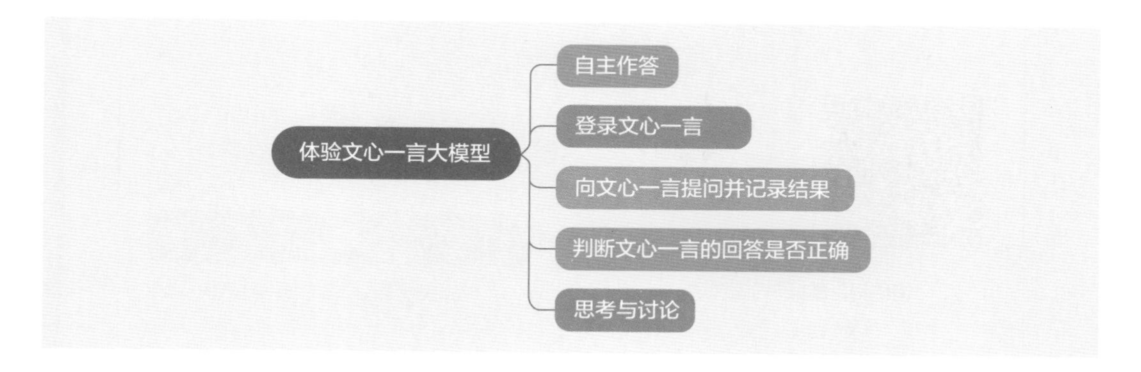

任务实践

李老师先请同学们根据自己掌握的知识或通过书本、搜索引擎等查找题目的答案，接着再向文心一言进行提问，并记录下全部结果。

1. 自主作答

请同学们自主作答，将自己的答案填写在表中。

2. 登录文心一言

文心一言是一款人工智能大语言模型，具备文学创作、商业文案创作、数理逻辑推算、中文理解、多模态生成五大能力。打开浏览器，进入文心一言首页，其界面如图 6-1-13 所示。

图 6-1-13　文心一言首页

单击“开始体验”按钮，选择一种方式登录，如图 6–1–14 所示。

图 6–1–14　文心一言登录界面

完成登录后，进入文心一言体验界面，如图 6–1–15 所示。在界面右侧下方的文本输入框中输入问题，与文心一言交流。

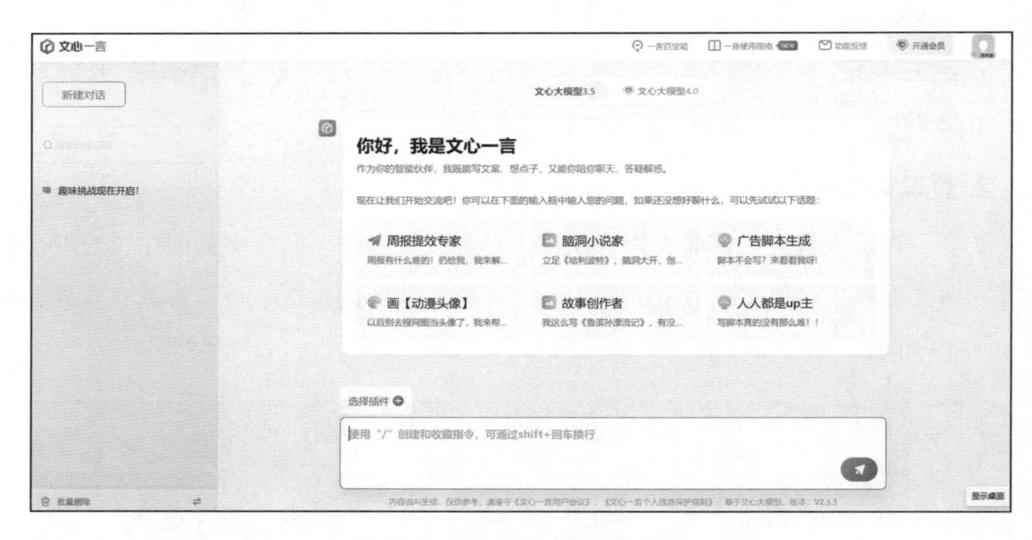

图 6–1–15　文心一言体验界面

3. 向文心一言提问并记录结果

在文本输入框中输入题目 1 的题干，然后单击输入框右下角的箭头按钮，如图 6–1–16 所示。

针对上述问题，文心一言生成的答案如图 6–1–17 所示。

继续输入题目 2，如图 6–1–18 所示。

图 6-1-16　输入题目 1

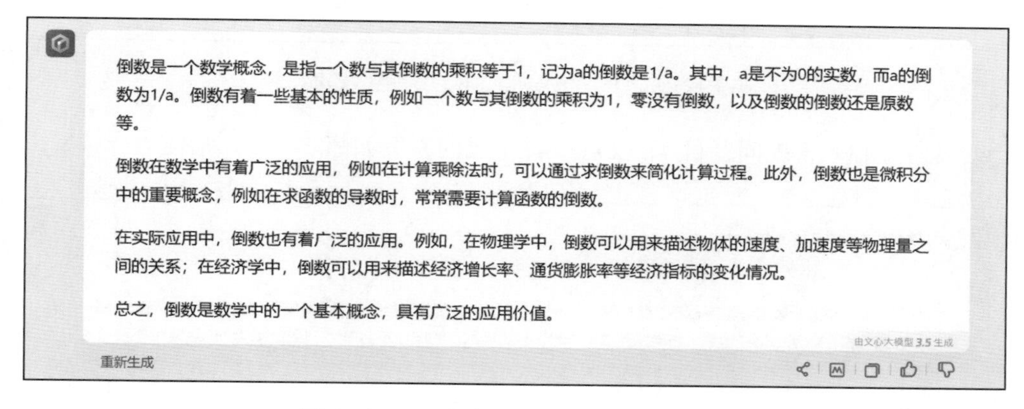

图 6-1-17　文心一言生成的题目 1 答案

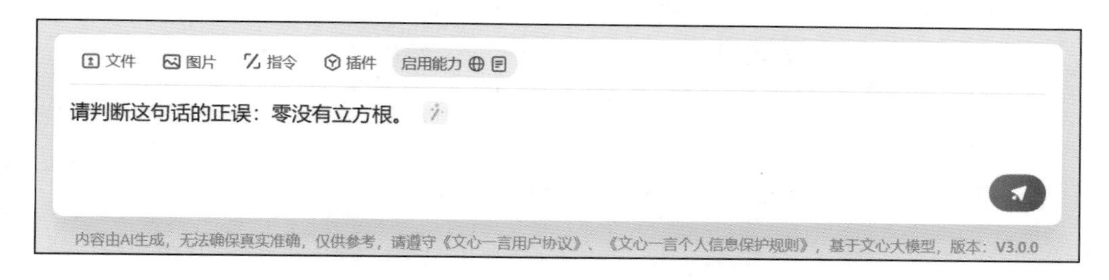

图 6-1-18　输入题目 2

针对上述问题，文心一言生成的答案如图 6-1-19 所示。

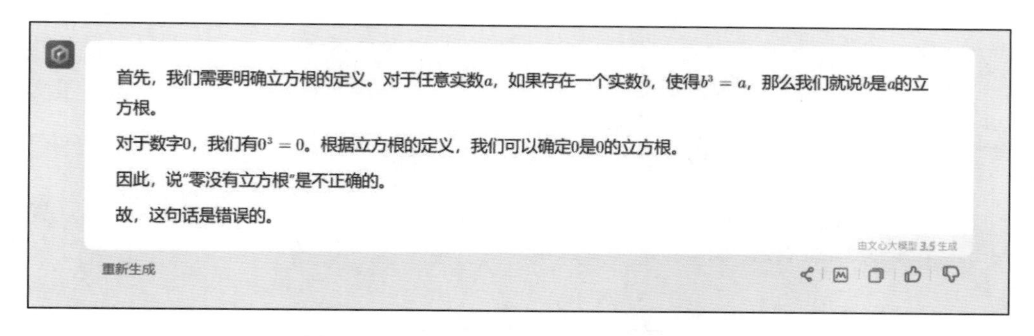

图 6-1-19　文心一言生成的题目 2 答案

继续向文心一言提问题目 3，文心一言生成的答案如图 6-1-20 所示。

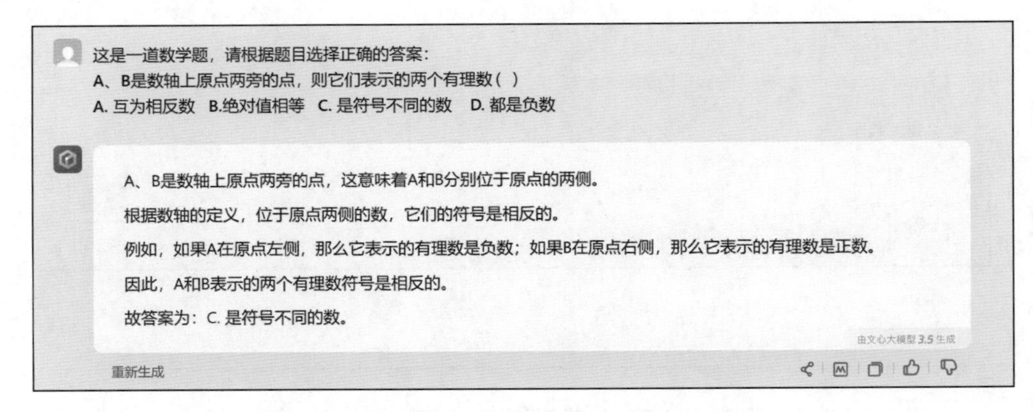

图 6-1-20　文心一言生成的题目 3 答案

继续向文心一言提问题目 4，文心一言生成的答案如图 6-1-21 所示。

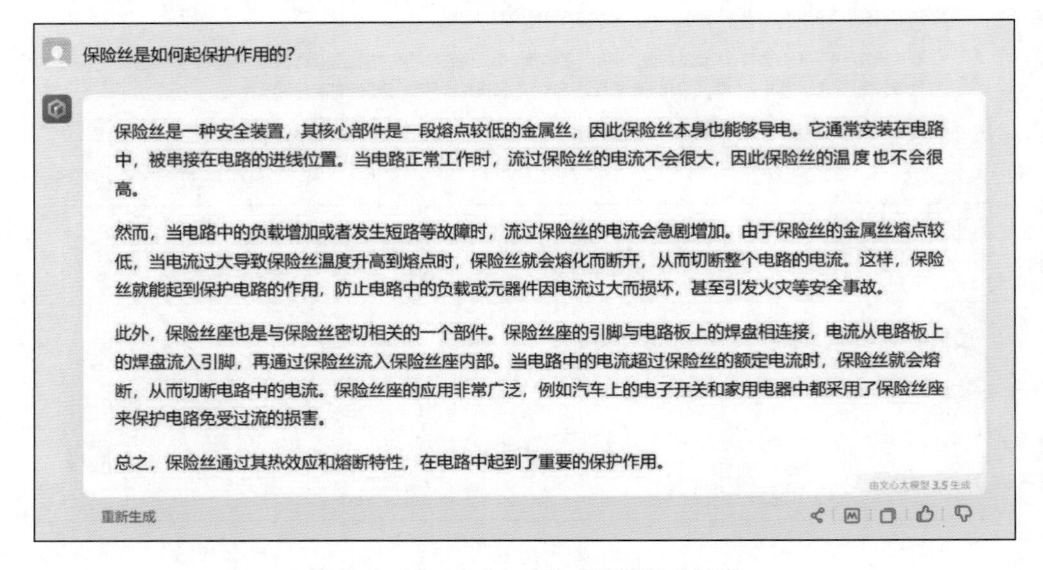

图 6-1-21　文心一言生成的题目 4 答案

题目 5 问题与答案如图 6-1-22 所示。

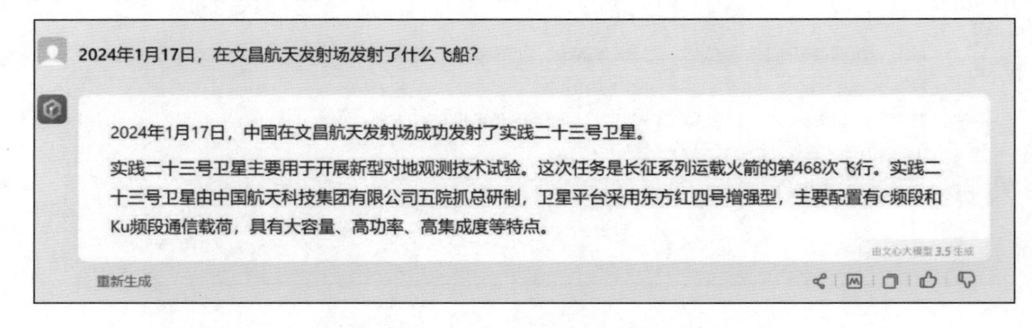

图 6-1-22　文心一言生成的题目 5 答案

接着继续向文心一言提问其他题目，并记录各个题目的回答结果。

4. 判断文心一言的回答是否正确

比较各个题目的正确答案与文心一言回答的情况，完成任务记录表，正确答案见表 6-1-5。

表 6-1-5 正确答案

序号	正确答案
1	如果两个数的乘积等于 1，则这两个数互为彼此的倒数
2	错
3	C
4	当通过保险丝的电流超过其额定电流时，由于电流过大导致保险丝内部的金属丝（一般是银、铜或铝等易熔金属）迅速升温至熔点，金属丝熔断，从而切断电路，停止电流流动，以保护电路或电器设备不受过电流的损害
5	天舟七号货运飞船
6	未敢翻身已碰头
7	I was proud of their success when they won the basketball match

5. 思考与讨论

根据以上体验，请同学们思考并讨论以下几个问题。

（1）比较人工回答和文心一言回答的差异。

（2）我们在学习中应如何正确并有效地使用大模型等辅助工具？

（3）过度依赖大模型工具可能会带来哪些问题？

巩固提高

请全班同学按照每 3 ~ 5 人组成一个小组，分组探究人工智能的应用领域。每个小组选择一个特定的应用领域，如教育、医疗、交通、工业等，调研该领域中应用了哪些人工智能技术？具体有哪些应用？对社会的影响以及潜在的风险是什么？畅想未来该领域人工智能应用的发展。

提示：例如，在教育领域，利用人工智能技术，我们已经实现了智慧校园、智慧课堂、自适应学习等多种创新应用。在智慧校园这一具体应用场景中，应用了计算机视觉等人工智能技术。展望未来，个性化学习、数字人助教等可能成为引领未来教育发展的新趋势。同时，在享受技术带来的便利的同时，我们也必须正视在数据采集和使用过程中可能带来的数据隐私泄露和数据安全问题。

拓展与探究

机器学习——人工智能的关键方法

机器学习是实现人工智能的重要方法之一，在模式识别、统计学习、数据挖掘、计算机视觉、语音识别、自然语言处理等领域有着广泛的应用。

目前，机器学习已经发展成为一个独立的研究学科，研究者们开发了各种算法。常用的有线性回归、逻辑回归、决策树、支持向量机和K-最近邻方法等。线性回归方法可以实现房价预测、销量预测、股票价格预测等；逻辑回归通过分析文本的语言、词汇等因素，预测文本表达积极或消极情感的概率，从而实现情感分类；现实生活中，通常利用决策树算法进行金融风险评估，决策树通过分析借款人的财务状况、信用历史等因素，来预测借款人是否有违约风险；在自然语言处理领域，用支持向量机方法实现文本分类，将新闻文章分为体育、政治、娱乐等类别；利用K-最近邻方法可以找到与用户兴趣相似的其他用户，从而为用户推荐相关的商品或服务。

请同学们分组探究主要的机器学习方法原理，并结合学习与生活发现它们的应用场景。

6.2 生成式人工智能应用

想象一下，如果计算机能够创作出屈原风格的诗歌，还能绘制出与大师媲美的画作，听起来是不是不可思议？但这已经不再是遥不可及的梦想，生成式人工智能已经使这一切成为可能。生成式人工智能可以生成文本、音乐、图片，甚至视频，为我们的生活带来了前所未有的创新和创意。

在本节中，我们将探索这个神奇的领域，了解什么是生成式人工智能，以及它是如何工作的，体验通过生成式人工智能创作文本和图片，尽情发挥我们的想象和创意，让生成式人工智能为我们开启一扇通往创意的大门。

学习目标

1. 了解生成式人工智能的概念及应用。
2. 了解生成式人工智能的原理。
3. 会使用生成式人工智能工具生成文本和图片。

任务 1　生成文本内容

任务描述

工业设计的魅力不仅在于它要求技术精湛，更在于它要求设计师具备解决实际问题的责任感和创新精神。学校工业产品设计社团正在招募具有这种精神的新成员。作为希望加入该社团的同学，需要在面试中进行3分钟的自我介绍，展示个人特点、兴趣爱好、在工业设计领域的经验或作品，并阐述如何将个人价值观和社会责任感融入工业设计中。小武想加入工业产品设计社团很久了，他打算认真准备自我介绍的材料。然而，他写了几稿都觉得不太理想，于是，他想到使用文心一言帮助自己完善自我介绍。

知识储备

在数字世界的浪潮中，生成式人工智能不仅能够理解和学习人类的语言，还能够创造出全新的文本内容——这就是生成式人工智能的奇迹。通过生成式人工智能，计算机不仅能回答我们的各种问题，还能编写故事，创作诗歌，甚至撰写新闻报道。下面我们将认识生成式人工智能，探索其在各行各业中的应用，开启内容创作的新篇章。

一、生成式人工智能概述

1. 生成式人工智能的概念及应用

生成式人工智能是人工智能的一个分支，是基于算法、模型、规则生成文本、图片、声音、视频、代码等内容的技术。这种技术能够针对用户需求，依托事先训练好的多模态基础大模型等，利用用户输入的相关资料，生成具有一定逻辑性和连贯性的内容。与传统人工智能不同，生成式人工智能不仅能够对输入数据进行处理，更能学习和模拟事物内在规律，自主创造出新的内容。

生成式人工智能正在革新媒体、娱乐、广告、设计、教育等多个领域。它不仅极大提升了工作效率，还推动了行业创新，开辟了新的商业机会和服务模式。随着技术的不断进步，预计将有更多的行业受益于生成式人工智能的强大能力。生成式人工智能的分类和主要应用见表6-2-1。

表6-2-1 生成式人工智能的分类和主要应用

分类依据	分类	主要应用
按应用领域分类	文本生成	生成报告、作文、新闻稿、诗歌、宣传文案等
	图像生成	图片编辑、虚拟角色创建、艺术创作等
	音频生成	音乐创作、语音合成、声音效果制作等
	视频生成	动画创作、视频编辑与创作、实时视频合成等

续表

分类依据	分类	主要应用
按生成内容类型分类	创意内容生成	文学创作、艺术创作等
	功能性内容生成	报告编写、编程代码生成等
	互动内容生成	机器人对话、游戏创作等

2. 生成式人工智能的原理

传统的机器学习模型具有辨别性，侧重于对数据点进行分类。它们通过学习已知的特征来尝试对数据点进行分类。例如，在传统的机器学习中，我们给机器提供一张未知的动物图片，模型通过学习已知的特征（比如耳朵、眼睛的形状）来识别图片上的动物种类。如果图片上的动物有四条腿、一条尾巴、长长的耳朵，机器就能识别出这可能是一只兔子。

生成式人工智能模型则更进一步。生成式人工智能模型不是在给定某些特征的情况下预测事物的名称或种类，而是在给定具体名称或种类的情况下尝试预测特征。我们以一个简单的例子来说明：我们向生成式人工智能模型提供一种动物的名称，它会尝试根据这个名称去“生成”这个动物的特征。例如，我们向模型提供的动物名称是“兔子”，它就会根据学习到的兔子的特征，比如长耳朵、短尾巴，来生成一个逼真的兔子的形象。

因此，生成式人工智能模型的奇妙之处在于，它们不仅学习了现实世界的规律，还能根据这些规律创造出全新的内容。

传统机器学习模型和生成式人工智能模型的区别如图 6-2-1 所示。

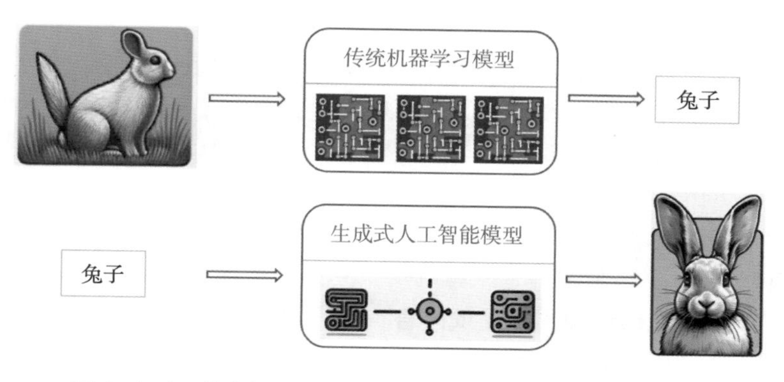

图 6-2-1　传统机器学习模型和生成式人工智能模型的区别

二、文本内容的生成

我们只需要向生成式人工智能模型提供一些指示或主题，模型就能根据这些信息生成内容，如文章、故事、诗歌等。常见的文本内容生成大模型有百度的文心一言、阿里云的通义千问等，可以帮助人们在各种行业里完成文本相关任务。例如，在媒体与新闻行业，可以帮助编辑完成新闻报道的撰写，能为财经频道提供股市的汇总信息，根据气象数据生成天气预测文本，还能根据读者的喜好，自动生成内容的推荐列表；在广告与商业领域，能够帮助营销人员生成不同风格的广告文案，为电商平台生成吸引人的产品描述，为销售经理撰写市场分析报告；在教育领域，能帮助教师根据学科内容生成练习题，辅助撰写教学大纲，根据学生的能力生成外语对话练习；在科技领域，能自动生成程序代码和注释，根据软件功能自动撰写使用手册和技术文档，根据程序错误自动分析并生成解决方案建议……

如图 6-2-2 所示是让文心一言以“重视环保”为主题生成的一段文本内容。

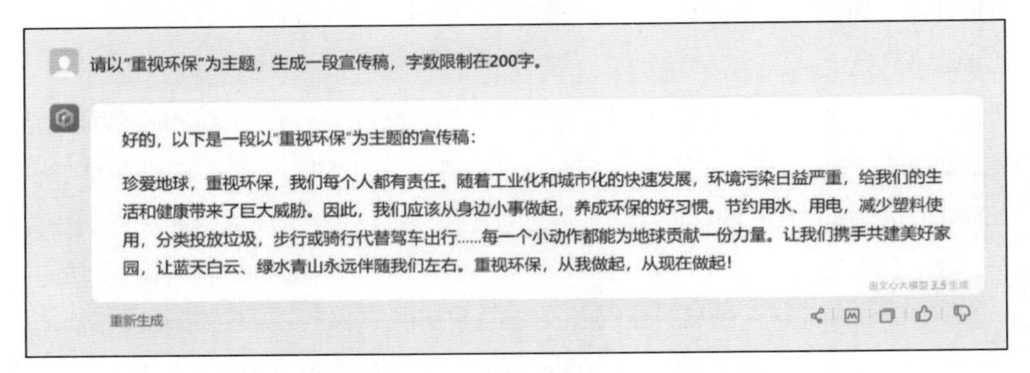

图 6-2-2　文心一言生成文本内容的示例

知识拓展

如何让文本生成工具更好地为我所用？

1. 初级技巧：设置角色

在让文本生成工具生成内容之前，首先要明确告诉它扮演的角色。如果需要它生成一个活动的文案，可以让它作为“活动策划师”；如果让它生成程序代码，可以让它作为“Python 课程的助教”等。

例如，新年要到了，班级想组织一场新年联欢会，需要有一份活动方案，可以这样提出要求：“你是班级新年联欢活动的策划师，请提供一份活动方案。”

2. 中级技巧：主动询问，并提供信息

我们想让文本生成工具完成某项文本生成任务，但是不知道应该向它提供什么信息才能生成满足我们需要的文本内容时，可以直接向它询问。

例如，我们想生成一篇社团招新广告，可以先向它提问：“请帮我起草一份社团招新广告。我需要提供给你什么信息？”

3. 高级技巧：BORE

BORE，即背景（background）、目标（objective）、关键结果（result）、改进（evolve）。为了让文本生成工具生成令人满意的文本内容，首先向它说明本次任务的背景，并明确告知它最终期望的结果或目标是什么。如果我们对生成的结果不满意，可以进一步提出详细的要求或指出生成文本的缺陷，它会再次在之前的基础上完善内容，直至达到我们的要求。

例如，学生会组织了一次环保海报设计主题活动，准备对提交的作品进行评比，需要生成一份作品评价表，我们可以这样提出要求："我是学生会主席，近期我们准备开展环境保护主题活动，请同学们用演示文稿软件设计一份海报，要求如下：1. 使用艺术字功能设计海报标题；2. 使用文本框精选文本编辑与排版；3. 插入图片资源；4. 自主设计创意。请你生成一个作品评价表，从完整性、创意性、艺术性、主题性评价作品，评价指标分为'优秀、良好、一般、还须努力'，总分 100 分。请以表格的形式提供给我。"

任务分析

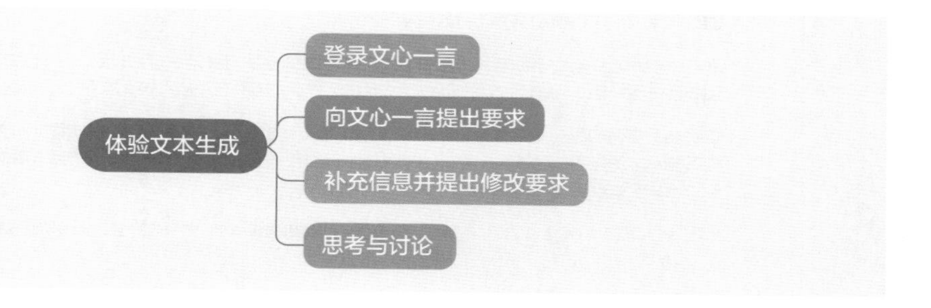

任务实践

小武准备使用 BORE 方法，向文心一言提出需求。

1. 登录文心一言

使用浏览器打开文心一言官网，单击"登录"链接，完成登录。

2. 向文心一言提出要求

小武根据社团招新的要求，总结任务背景：

学校的工业产品设计社团招新，要求报名的同学进行 3 分钟的自我介绍。

进一步提出任务目标：

请你生成一份自我介绍，字数为 500 字。内容包括个人的基本信息、兴趣爱好、在工业产品设计方面的基础知识或经验，以及希望通过参加社团活动实现的目标或期望，具体信息如下。

基本信息：我是三年级的学生小武，工业设计专业。

兴趣爱好：我对产品设计感兴趣，动手能力强，喜欢研究机械产品的结构和原理。

在工业产品设计方面的基础知识或经验：在去年的省级工业产品设计大赛中获得了优胜奖。

希望通过参加社团活动实现的目标或期望：我希望我设计的产品能够和人工智能技术结合，让传统的机械结构具有智能化能力。

向文心一言输入以上具体要求，文心一言根据小武的要求生成的自我介绍如图 6–2–3 所示。

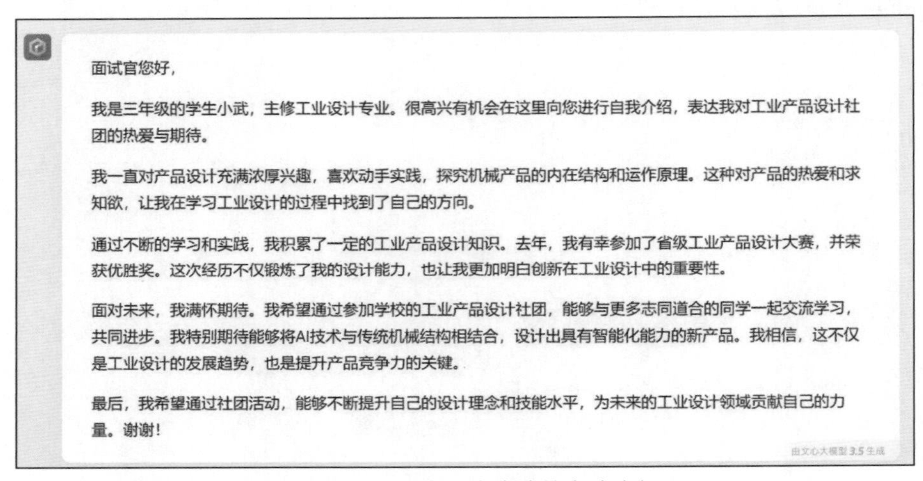

图 6–2–3　文心一言生成的自我介绍

3. 补充信息并提出修改要求

小武发现有一个获奖信息忘记告诉文心一言了，于是补充了这条信息，并要求文心一言修改自我介绍，如图 6–2–4 所示。

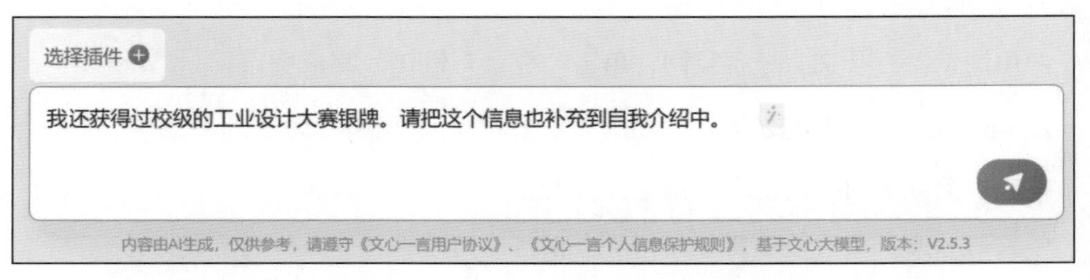

图 6–2–4　向文心一言补充信息并提出修改要求

文心一言根据小武补充的信息对自我介绍进行了修改，修改结果如图 6–2–5 所示。

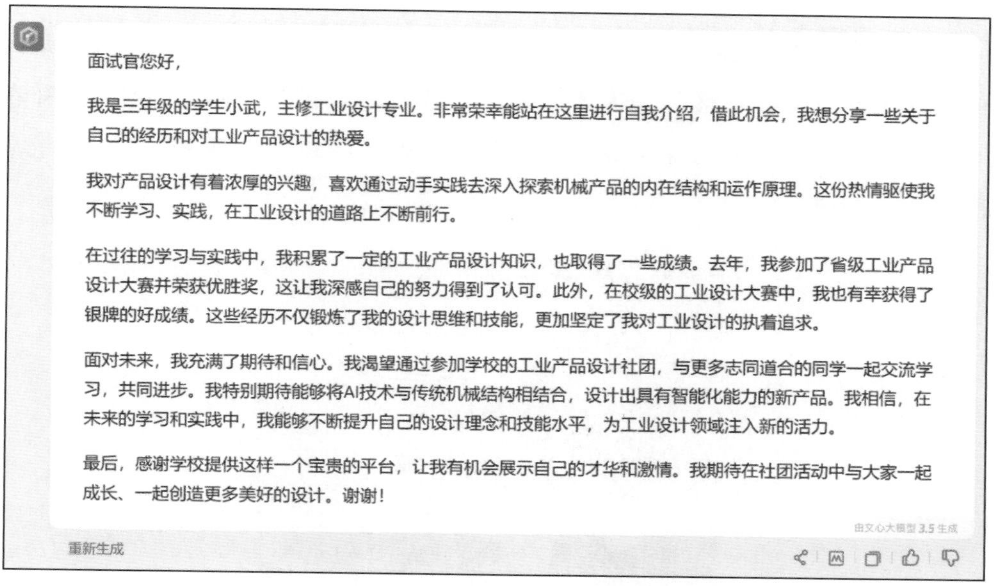

面试官您好，

我是三年级的学生小武，主修工业设计专业。非常荣幸能站在这里进行自我介绍，借此机会，我想分享一些关于自己的经历和对工业产品设计的热爱。

我对产品设计有着浓厚的兴趣，喜欢通过动手实践去深入探索机械产品的内在结构和运作原理。这份热情驱使我不断学习、实践，在工业设计的道路上不断前行。

在过往的学习与实践中，我积累了一定的工业产品设计知识，也取得了一些成绩。去年，我参加了省级工业产品设计大赛并荣获优胜奖，这让我深感自己的努力得到了认可。此外，在校级的工业设计大赛中，我也有幸获得了银牌的好成绩。这些经历不仅锻炼了我的设计思维和技能，更加坚定了我对工业设计的执着追求。

面对未来，我充满了期待和信心。我渴望通过参加学校的工业产品设计社团，与更多志同道合的同学一起交流学习，共同进步。我特别期待能够将AI技术与传统机械结构相结合，设计出具有智能化能力的新产品。我相信，在未来的学习和实践中，我能够不断提升自己的设计理念和技能水平，为工业设计领域注入新的活力。

最后，感谢学校提供这样一个宝贵的平台，让我有机会展示自己的才华和激情。我期待在社团活动中与大家一起成长、一起创造更多美好的设计。谢谢！

由文心大模型 3.5 生成

重新生成

图 6-2-5　文心一言再次生成的自我介绍

4. 思考与讨论

当我们想利用文本生成工具生成一篇对某旅游城市的介绍时，应该提供哪些信息呢？

巩固提高

根据上述讨论结果，生成一份介绍自己家乡的旅游推广文案。

任务 2　生成多媒体内容

任务描述

在即将到来的校园安全主题教育周活动中，为了深入贯彻“生命至上，安全第一”的核心理念，全面提升同学们的安全意识和自我保护能力，学校决定开展一项特别的创意比赛——校园安全宣传海报设计大赛。

体验过使用生成式人工智能工具生成文本内容的小武，这一次决定利用图像生成工具“文心一格”来设计一张既吸引人又富有教育意义的图片，并在此基础上完成校园安全宣传海报的制作。小武制作好的校园安全宣传海报如图 6-2-6 所示。

图 6-2-6　小武制作的校园安全宣传海报

知识储备

生成式人工智能多媒体内容生成工具正在给世界带来无限创造力，它让计算机不只是我们的学习工具，还能画出图片、制作视频，甚至创作音乐，成为能够创造、表达和沟通的“艺术家”。

一、多媒体内容生成概述

生成式人工智能多媒体内容生成是指使用人工智能技术生成图片、音频、视频等各种形式的多媒体内容。

知识拓展

生成式人工智能多媒体内容生成技术的发展可以分为几个阶段，每个阶段都有其典型的技术和特点。

1. 早期阶段——规则基础方法

早期的生成式人工智能系统依赖于硬编码的规则和模板来生成简单的多媒体内容。这些系统能够根据预设的逻辑生成结构化数据的报告，但缺乏灵活性和创造性。

2. 统计学习阶段——机器学习方法

随着机器学习的发展，生成式人工智能技术开始采用统计学习方法来分析大量数据集，并学习数据中的模式和结构，例如隐马尔可夫模型、朴素贝叶斯、支持向量机等。这一阶段的技术能够生成更复杂的内容，如基本的图像，但仍然受限于数据的多样性和质量。

3. 深度学习革命阶段——神经网络方法

深度学习的兴起极大地推动了生成式人工智能技术的进步，尤其是在图像、音频、视频和文本生成方面。通过深度神经网络，系统能够学习和模拟复杂的数据分布，生成高质量且逼真的多媒体内容。在这一阶段，生成对抗网络和转换模型尤为突出，它们能够生成逼真的图像和流畅、富有创造性的音乐。

如图 6-2-7 所示体现了生成式人工智能多媒体内容生成技术 3 个阶段生成内容的差异。

a）　　b）　　c）

图 6-2-7　不同阶段生成的猫的图片

a）使用规则生成　b）使用隐马尔可夫模型生成　c）使用转换模型生成

生成式人工智能多媒体内容生成工具按其生成内容可分为图像生成、音频生成和视频生成几类，具体用途及典型代表见表 6-2-2。

表 6-2-2　生成式人工智能多媒体内容生成工具的分类

分类	用途	典型代表
图像生成	利用人工智能技术根据特定要求或条件生成静态图像	百度的文心一格、阿里云的通义万相、科大讯飞的绘画大师
音频生成	通过人工智能模型生成音乐片段、语音或其他音频内容，包括合成语音、作曲等	科大讯飞的讯飞听见、昆仑万维的天工 SkyMusic、字节跳动的海绵音乐
视频生成	结合图像和音频生成技术，创造出具有视觉和听觉元素的视频内容	腾讯智影、百度的 UniVG、字节跳动的火山引擎

二、多媒体内容生成的应用

生成式人工智能已被广泛应用于创造图片、视频、音乐等多媒体内容，并在很多行业中发挥了重要作用。例如，在娱乐与艺术领域，生成式人工智能已经可以被用来生成电影中的复杂特效，帮助音乐家创作新曲调，甚至完成整首歌曲的制作，还可以辅助艺术家创作数字画作；在教育行业，生成式人工智能可以生成个性化的教学视频、虚拟实验、数字人助教等；在游戏开发行业，借助生成式人工智能工具可以自动生成游戏内的复杂场景和环境，创建独特的游戏角色，生成动态变化的游戏剧情。

如图 6-2-8 所示是使用生成式人工智能图像生成工具分别生成的三种应用场景的图像。其中，图 a 为模仿凡·高的《星空》生成的夜空图像，图 b 为模仿哪吒生成的动画人物形象，图 c 是水晶玻璃杯广告的图像。

a）　　b）　　c）

图 6-2-8　生成式人工智能图像生成工具的作品

a）模仿《星空》生成的夜空图像　b）模仿哪吒生成的动画人物形象　c）水晶玻璃杯广告图像

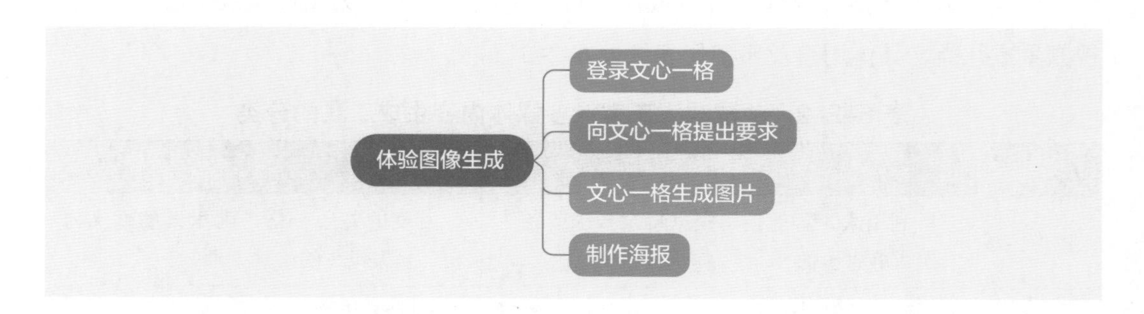

小武准备先让文心一格根据自己的描述生成一张图片，作为宣传海报的初始版本，

然后在此基础上进行修改和优化。

1. 登录文心一格

文心一格是一个人工智能艺术和创意辅助平台，它可以根据用户输入的语言描述自动创作不同风格的图片。

使用浏览器打开文心一格官网，单击页面右上角的“登录”链接，完成登录。

2. 向文心一格提出要求

文心一格页面左侧是设置生成图片要求的区域。在该区域上半部分的文本输入框中，小武对生成图像的要求进行了描述。他采用 BORE 方法，对任务背景、图片主题以及图像上出现的人物及其动作等进行了描述。在文本输入框下方，还可以选择画面类型、比例、生成图像数量等。这里的“画面类型”小武选择了默认的“智能推荐”，“图像比例”选择了默认的“方图”，生成的图像数量设置为“2”。小武向文心一格提出生成图片的要求如图 6-2-9 所示。一般来说，对任务描述得越详细，生成的结果越符合我们的要求。

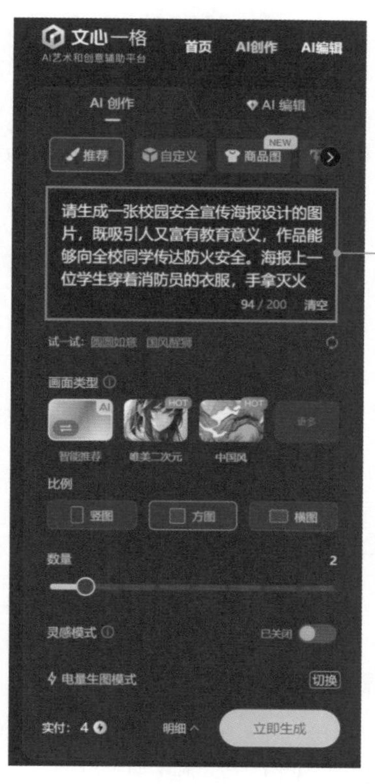

请生成一张校园安全宣传海报设计的图片，既吸引人又富有教育意义，作品能够向全校同学传达防火安全。海报上一位学生穿着消防员的衣服，手拿灭火器，在消防员的指导下进行消防演习。周围是观看的学生。

图 6-2-9　向文心一格提出生成图片的要求

3. 文心一格生成图片

单击页面下方的“立即生成”，文心一格便开始根据要求生成图像。图像的生成时间根据平台算力以及同时生成图像的并发量不同，一般在几秒到几十秒不等。如图 6-2-10 所示，为文心一格根据上述要求生成的图片。

图 6-2-10　文心一格生成的图片

生成的两张图片都符合校园防火安全的主题，其中右边图像的人物和动作更符合小武提出的要求，因此，小武选择右边的图像做进一步的完善。

4. 制作海报

小武利用图片编辑软件，在文心一格生成图片的基础上加上海报的标题和文字，最终完成了校园安全宣传海报的制作。

巩固提高

请你设计一个简单的故事情节，用文心一格生成 4 幅连环画来表达故事内容。

拓展与探究

视频生成和音频生成

除了图像，生成式人工智能工具还能生成视频、音频（如音乐、语音、声效）等多媒体内容，以及完成文本到多媒体的转换。

视频生成通常通过深度学习模型实现，最常用的是生成对抗网络和自编码器。这些模型通过训练海量视频数据，学习视频内容的时间和空间特征，从而生成新的视频内容。具体过程包括视频帧的生成、帧间过渡的平滑处理以及整体视频内容的构建。

音频生成也依赖于深度学习模型，常用的是循环神经网络和转换模型。这些模型通过学习大量音频数据，包括音乐、语音和环境音效等，能够生成高质量的音频内容。具体过程包括音频片段的生成、音频信号的合成以及最终音频文件的输出。

请全班同学按照 3 ~ 5 人组成一个小组，分别探究、体验不同类型的内容生成工具及其应用场景，讨论多媒体内容生成对学习、生活、职业等方面的影响。